離散的な確率

確率関数

$$f(x_i) = P(X = x_i)$$
$$(i = 1, 2, \cdots, n)$$

- $\sum_{i=1}^{n} f(x_i) = 1$
- $P(a \leq X \leq b) = \sum_{a \leq x_i \leq b} f(x_i)$

平均・分散

$$E[X] = \sum_{i=1}^{n} x_i f(x_i) = \mu$$
$$V[X] = \sum_{i=1}^{n} (x_i - \mu)^2 f(x_i)$$

$$P(a < X \leq b) = p_1 + p_2 + p_3$$

$$V[X] = E[X^2] - E[X]^2$$

二項分布 $Bin(n, p)$

$$f(x) = {}_nC_x p^x q^{n-x}$$
$$\begin{pmatrix} x = 0, 1, 2, \cdots, n \\ p + q = 1, \ 0 < p < 1 \end{pmatrix}$$
$$E[X] = np, \quad V[X] = npq$$

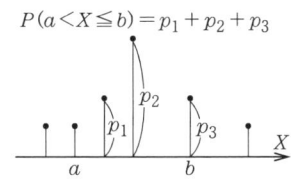

ポアソン分布 $Po(\lambda)$

$$f(x) = e^{-\lambda} \frac{\lambda^x}{x!} \quad (x = 0, 1, 2, \cdots)$$
$$E[X] = \lambda, \quad V[X] = \lambda$$

離散一様分布

$$f(x) = \begin{cases} \dfrac{1}{n} & (x = x_1, x_2, \cdots, x_n) \\ 0 & (\text{他}) \end{cases}$$
$$E[X] = \frac{1}{n} \sum_{i=1}^{n} x_i = \mu$$
$$V[X] = \frac{1}{n} \sum_{i=1}^{n} (x_i - \mu)^2$$

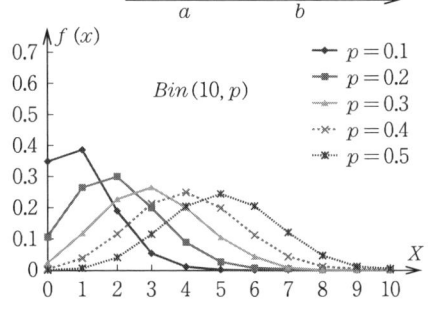

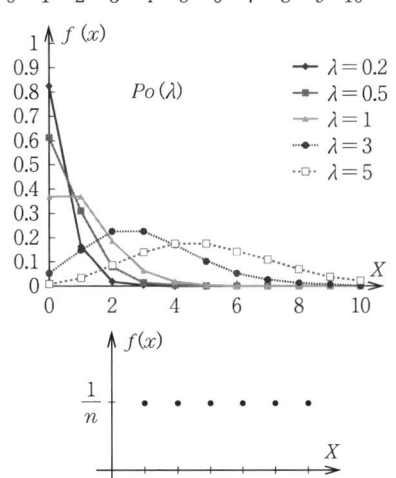

やさしく学べる統計学

石村園子 [著]

共立出版株式会社

まえがき

　近年，世界各地で，台風，ハリケーン，豪雨，洪水，異常乾燥，山火事など，地球温暖化の影響が目に見える形でわれわれに襲いかかってきています。温暖化とまったく関係ないと思われる大地震も頻繁に起きています。地球表面の温度上昇がプレートの粘性を弱め，移動が速くなっているのかもしれません。傲慢に繁栄し過ぎた種の悲惨な結末にならないよう，われわれ一人一人が注意する一方，世界規模での取り組みが一層なされることを切に望んでいます。

　税の徴収や軍隊を作るための成人男子の人数調査から始まったといわれている統計ですが，われわれが人間以外に興味を示し，系統的に調べ始めたことをきっかけとして，調査方法や分析方法が格段と進化しました。特に，予測が難しい現象を確率の考え方で捉えることは素晴らしいアイデアです。数学的な理論の上に統計手法が確立されていますが，その内容はなかなかむずかしく，通常使われている方法でも，初めて学ぶものにとっては異文化の思考方法の感があります。

　本書は，統計学を初めて学ぶ人のために書かれています。確率の基本的な考え方から勉強しますので，まったく確率の予備知識がなくても勉強できる本です。確率分布の章では少し微分積分の知識が必要ですが，必要な知識はその都度復習できるようになっています。大学1, 2年程度の数学知識ではむずかしい内容の定理は，証明なしで紹介してあります。必要な準備をすべて整えてから統計の勉強をすることは不可能です。その定理をどのように統計に活かすのか

を理解してください。特に，統計を実態の把握や現象解明の手段に使いたい人にとっては，早く統計手法を身につけたいことでしょう。手早く統計手法の基本を勉強したい人は，1, 2章を省いて，3, 4章から直接，統計の勉強を始めることも可能です。

現在では，統計処理にコンピュータは欠かせません。しかし，初めからコンピュータの統計ソフトに頼ってしまうと，果たしてコンピュータの中で何が行われているのか，また，おかしな数値が結果に出てきても何も不思議に思わないことになってしまいます。本書は初めて統計手法を学ぶことを主眼としていますので，面倒でも電卓の単なる計算機能を用いて皆さんに勉強してもらいます。ただし，各段階の計算結果を丸めながら行う場合と，一度に式を入力して計算結果を出す場合とでは，当然ながら数値に違いが出てきてしまいますので，有効数字等の取り扱いについては不十分なところがあります。有効数字や誤差に関する解説はその関連書を参照してください。電卓を使った統計計算に慣れたら，電卓の代わりに表計算ソフトや統計ソフトの使用をお勧めします。

本格的な統計処理には，データ収集からきちんと計画を立てて行わなければなりません。調査研究をしながら勉強範囲を広げ，統計手法の持ち駒をどんどん増やしていってください。

本書の執筆は大学の仕事が忙しい時期と重なってしまったため，完成が大変遅れ，共立出版の皆様にはご迷惑をおかけしてしまいました。お詫び申し上げます。家族にも助けられ，ようやく本書を完成することができました。本書の執筆を勧めてくださいました寿日出男取締役をはじめ，編集では今回も大変お世話になりました吉村修司氏，小野寺学氏および共立出版の方々に深く感謝いたします。また，イラストは石村多賀子，計算の確認は小久保早織さんにお願いしました。ご苦労様でした。我が家の皆にも心より感謝します。

2006年　穀雨
石 村 園 子

目　　次

第1章　確率入門 …………………………………………………… 1
§1　標本空間 ……………………………………………………… 2
　1 順列と組合せ　2
　2 標本空間　10
§2　確　　率 ……………………………………………………… 16
　1 確　　率　16
　2 条件付確率　22
　3 ベイズの定理　26
総合練習1 …………………………………………………………… 32

第2章　確率分布 …………………………………………………… 33
§1　確率変数と確率分布 ………………………………………… 34
　1 離散的な確率分布　35
　2 連続的な確率分布　42
§2　重要な確率分布 ……………………………………………… 54
　1 二項分布　54
　2 ポアソン分布　58
　3 正規分布　62
　4 指数分布　72
　5 一様分布　74
　6 t分布　76

7 カイ2乗分布　78
8 F 分布　80
§3　多変量の確率分布　…………………………………………82
1 同時確率分布　82
2 2次元正規分布　88
3 中心極限定理　89
総合練習2　………………………………………………………91

第3章　記述統計　……………………………………………………93
§1　データと基本統計量　………………………………………94
§2　データのグラフ表現　………………………………………98
§3　度数分布表とヒストグラム　………………………………104
§4　散布図と相関係数　…………………………………………108
総合練習3　………………………………………………………116

第4章　推測統計　……………………………………………………117
§1　母集団と標本　………………………………………………118
1 母集団と標本　118
2 標本分布　120
§2　推　　定　……………………………………………………128
1 点推定　128
2 区間推定　135
§3　検　　定　……………………………………………………144
1 母平均の検定　145
2 母平均の差の検定　151
3 等分散性の検定　155
4 母比率の検定　157
5 無相関の検定　160

§4 回帰分析 …………………………………………………………164
  1 回帰直線と決定係数　164
  2 回帰係数の区間推定と検定　170
総合練習 4 ………………………………………………………………176

解答の章 ……………………………………………………………………177
ギリシア文字一覧表 ……………………………………………………206
数　　表 ……………………………………………………………………207
索　　引 ……………………………………………………………………217

コラム

Warner's Randomized Response Model　30
ガウスの誤差関数　63
乱数はいったいどうやって作るの？　75
ガンマ関数　92
統計学と確率論の関係はいつから？　114
自然淘汰か遺伝法則か？　134
プラシーボ効果って何？　150

第1章
確率入門

§1 標本空間

1 順列と組合せ

確率の勉強を始める前に，順列と組合せについて復習しておこう。$_nP_r, {}_nC_r$ の記号に慣れている人は，とばしてもよい。

定義

n 個の異なったものの集合から r 個（$r \leqq n$）取り出して1列に並べたものを

$$n\text{個のものから }r\text{個取り出す順列}$$

といい，順列の総数を $_nP_r$ で表す。

《説明》 集合の厳密な定義はむずかしいので，ここでは単に**集合**とは

　　　　属するものがはっきりしているものの集まり

と理解しておこう。集合 A が n 個のもの $a_1, a_2, \cdots, a_n$ から構成されているとき

$$A = \{a_1, a_2, \cdots, a_n\}$$

と書き表し，各 $a_i (i=1,\cdots,n)$ を A の**要素**または**元**という。

n 個の A の要素から r 個取り出し，それらを1列に並べる方法は何通りも考えられる。その並べ方の総数を $_nP_r$ という記号で表す。

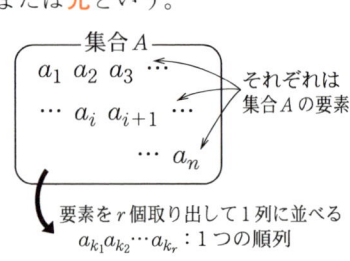

P は Permutation の頭文字で，$_nP_r$ は

・n ピー r

・ピーの n, r

・パーミュテーションの n, r

などと読む。

$_nP_r$ は次頁の式で値を計算することができる。　　　　　　　　　　　（説明終）

§1 標本空間 3

定理 1.1
$$_n\mathrm{P}_r = n(n-1)(n-2)\cdots(n-r+1)$$

> $_n\mathrm{P}_r$
> 異なった n 個のものから r 個取って並べる順列の総数

【証明】 異なる n 個のものから r 個取り出して並べるので，No.1 から No.r までの番号をつけた箱を用意し，その箱に取り出したものを入れると考えよう．

$$\boxed{\text{No.1}}\ \boxed{\text{No.2}}\ \cdots\ \boxed{\text{No.}r}$$

このとき，$\boxed{\text{No.1}}$ に入れるものは n 通り考えられる．$\boxed{\text{No.1}}$ に 1 つ入れてしまった後，残りは $(n-1)$ 個なので $\boxed{\text{No.2}}$ に入れるものは $(n-1)$ 通り考えられる．$\boxed{\text{No.2}}$ に 1 つ入れてしまった後は，残りが $(n-2)$ 個なので $\boxed{\text{No.3}}$ に入れるものは $(n-2)$ 通り考えられる．このように考えると

$\boxed{\text{No.1}}$	$\boxed{\text{No.2}}$	$\boxed{\text{No.3}}$	$\cdots$	$\boxed{\text{No.}r}$
n 通り	$(n-1)$ 通り	$(n-2)$ 通り		$\{n-(r-1)\}$ 通り

なので，r 個並べる方法は全部で
$$_n\mathrm{P}_r = n(n-1)(n-2)\cdots\{n-(r-1)\}$$
$$= n(n-1)(n-2)\cdots(n-r+1)$$

となる． (証明終)

《説明》 この定理の式により，形式的に順列の総数を求めることができる．

特に異なる n 個のものを 1 列に並べる順列の総数は
$$_n\mathrm{P}_n = n(n-1)\cdots 3\cdot 2\cdot 1$$

となるが，これを $n!$ で表し，

n の **階乗**（かいじょう）

と読む．つまり
$$n! = n(n-1)\cdots 3\cdot 2\cdot 1 \quad (n \geq 1)$$
また，
$$0! = 1$$
と定義しておく． (説明終)

> r 個の積
> $_n\mathrm{P}_r = n(n-1)\cdots(n-r+1)$
> 連続した r 個の数の積よ．

例題 1

（1） 集合 $A = \{a, b, c, d\}$ より 3 個取り出して並べる順列の方法をすべて書き出し，何通りあるか調べてみよう。

（2） (1)の総数を $_nP_r$ の公式を用いて計算し，同じになることを確認してみよう。

解 （1） A の 4 個の要素から 3 個取り出して並べるので，

No. 1 ， No. 2 ， No. 3

の 3 つの箱を用意して調べる。右のような **tree 構造** で調べると，もれなく調べられる。全部で 24 通り。

（2） $n = 4$，$r = 3$ の場合なので

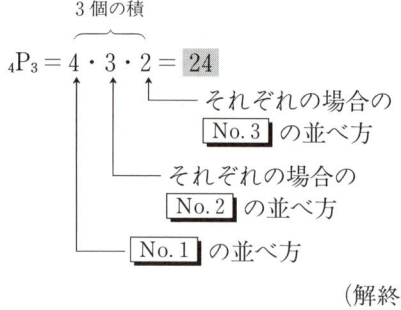

$$_4P_3 = 4 \cdot 3 \cdot 2 = 24$$

(解終)

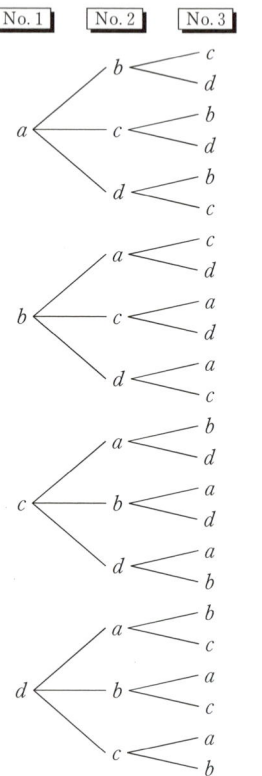

練習問題 1　　　　　　　　解答は p. 178

（1） 集合 $B = \{\bigcirc, \triangle, \times\}$ より 2 個取り出して並べる順列の方法をすべて書き出し，何通りあるか調べなさい。

（2） (1)の総数を $_nP_r$ の公式を用いて計算し，同じになることを確認しなさい。

例題 2

（1） OL の T 子は 7 本のネックレスを持っているが，毎朝どれを身につけようか迷ってしまう。月曜から金曜まで毎日異なったネックレスをつける方法は何通りあるか求めてみよう。

（2） 読書の大好きな K 郎は，新しく東京駅にオープンした書店で 5 冊の推理小説を買い込んだ。読む順番は何通りあるか求めてみよう。

解 異なる n 個のものから r 個取り出して並べる総数が ${}_n\mathrm{P}_r$ である。

（1） $n=7$, $r=5$ （月, 火, 水, 木, 金）なので
$$_7\mathrm{P}_5 = 7\cdot 6\cdot 5\cdot 4\cdot 3 = \boxed{2520} \text{ （通り）}$$

（2） $n=5$, $r=5$ なので
$$_5\mathrm{P}_5 = 5! = 5\cdot 4\cdot 3\cdot 2\cdot 1 = \boxed{120} \text{ （通り）} \qquad \text{（解終）}$$

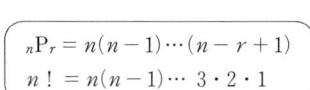

$$\begin{array}{l} {}_n\mathrm{P}_r = n(n-1)\cdots(n-r+1) \\ n! = n(n-1)\cdots 3\cdot 2\cdot 1 \end{array}$$

コレハ ヤクソク

$0! = 1$

練習問題 2　　解答は p.178

（1） 大学生の K 郎は，今週 3 科目より課題が出ていて，週末にレポートを作成しなければならない。作成する順番は何通り考えられるか求めなさい。

（2） T 子は毎週日曜日にトランプで次週の運勢を占っている。12 枚のハートのトランプをよく切り 3 枚を順に並べるとき，並び方は何通り考えられるか求めなさい。

> **定義**
> n 個の要素をもつ集合から，順番は考えずに r 個（$r \leqq n$）取り出した組を
> $$n \text{ 個のものから } r \text{ 個取る } \boldsymbol{組合せ}$$
> といい，その総数を ${}_n\mathrm{C}_r$ または $\binom{n}{r}$ で表す。

《説明》 n 個の要素をもつ集合
$$A = \{a_1, a_2, \cdots, a_n\}$$
から r 個取り出すことを考える。並べないでただ取り出すだけである。その取り出し方の総数を ${}_n\mathrm{C}_r$ という記号で表す。C は Combination の頭文字で，${}_n\mathrm{C}_r$ は

- n シー r
- シー n, r
- コンビネーションの n, r

などと読む。

${}_n\mathrm{C}_r$ は次の式で値を求めることができる。

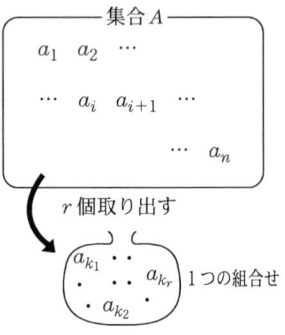

(説明終)

> **定理 1.2**
> $$ {}_n\mathrm{C}_r = \frac{n(n-1)\cdots(n-r+1)}{r!} $$

【証明】 n 個のものから r 個取る順列 $= {}_n\mathrm{P}_r$ であった。1 つの順列 $a_{k_1}a_{k_2}\cdots a_{k_r}$ に対し，並べかえは $r!$ 通り考えられるので，組合せだけの総数は
$$ {}_n\mathrm{C}_r = \frac{{}_n\mathrm{P}_r}{r!} = \frac{n(n-1)\cdots(n-r+1)}{r!} $$
となる。 (証明終)

${}_n\mathrm{C}_0 = 1$ と定義しておきます。

定理 1.3

$$_n\mathrm{C}_r = {_n\mathrm{C}_{n-r}}$$

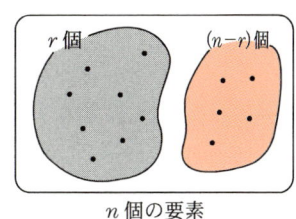

n 個の要素

【証明】 n 個のものから r 個選んで取り出すことは，n 個のものから残りの $(n-r)$ 個を選んで残しておくことと同じなので

$$_n\mathrm{C}_r = {_n\mathrm{C}_{n-r}}$$

が成立する。(定理 1.2 の式を用いて示してもよい。) (証明終)

《説明》 r が n に近い数のときは，この公式を使って r の部分を小さい数にしておくとよい。 (説明終)

定理 1.4

$$_n\mathrm{C}_r = {_{n-1}\mathrm{C}_{r-1}} + {_{n-1}\mathrm{C}_r}$$

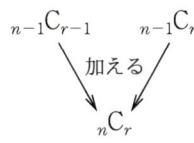

【証明】 n 個のものの中の 1 つを a とし，

A グループ：a 以外の $(n-1)$ 個

B グループ：a のみ

に分けておく。全体から r 個選ぶ方法は

・A から $(r-1)$ 個，B からは a

・A からのみ r 個

の 2 通り考えられるので上式が成立する。(定理 1.2 の式を用いても示せる。) (証明終)

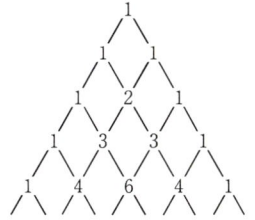

《説明》 この式より，小さい n から順次 $_n\mathrm{C}_r$ を足し算だけで求めることができる。そのときにできる右の三角形を **パスカルの三角形** という。またこの $_n\mathrm{C}_r$ は $(a+b)^n$ の展開の係数にもなっているので，**二項係数** ともよばれている。 (説明終)

===== 例題 3 =====

（1） 集合 $A = \{a, b, c, d\}$ より 3 個取り出す組合せをすべて書き出し，何通りあるか調べてみよう．

（2） （1）の総数を $_nC_r$ の公式を用いて計算し，同じになることを確認してみよう．

解 （1） 例題 1（p. 4）で求めた 24 個の順列の中から，並べかえると同じになるものは同一視して 3 つの組合せのみを考えると

$$abc, \quad abd, \quad acd, \quad bcd$$

の 4 通りしかないことがわかる．

（2） $n = 4$, $r = 3$ の場合なので

$$_4C_3 = \frac{4 \cdot 3 \cdot 2}{3!}$$

（順列の総数／それぞれの場合の並べかえの総数）

$$= \frac{4 \cdot 3 \cdot 2}{3 \cdot 2 \cdot 1} = 4$$

または，定理 1.3 を用いて

$$_4C_3 = {}_4C_{4-3} = {}_4C_1$$

$$= \frac{4}{1!} = \frac{4}{1} = 4$$

（解終）

順列
abc
abd
acb
acd
adb
adc
bac
bad
bca
bcd
bda
bdc
cab
cad
cba
cbd
cda
cdb
dab
dac
dba
dbc
dca
dcb

ちょっと大変だけど地道な努力が大切よ．

===== 練習問題 3 ===== 解答は p. 178

（1） 集合 $B = \{○, △, ×\}$ より 2 個取り出す組合せをすべて書き出し，何通りあるか調べなさい．

（2） （1）の総数を $_nC_r$ の公式を用いて計算し，同じになることを確認しなさい．

例題 4

（1） 仕事帰り，同僚と銀座をふらついていた T 子は，店頭で安売りしているクラシック音楽の CD を見つけた．10 種類の CD のうち異なる種類 3 枚を買おうとすると，何通りの選び方があるか求めてみよう．

（2） K 郎の属している研究室には 13 人の学生がおり，この中から 10 人選んで学会の手伝いをしなければならなくなった．選び方は何通り考えられるか求めてみよう．

解 異なる n 個のものから r 個選ぶ方法の総数が ${}_nC_r$ である．

（1） $n = 10$，$r = 3$ なので

$$ {}_{10}C_3 = \frac{10 \cdot 9 \cdot 8}{3\,!} = \frac{10 \cdot 9 \cdot 8}{3 \cdot 2 \cdot 1} = \boxed{120} \;（通り）$$

（2） $n = 13$，$r = 10$ なので，定理 1.3 を使うと

$${}_{13}C_{10} = {}_{13}C_{13-10} = {}_{13}C_3$$

$$= \frac{13 \cdot 12 \cdot 11}{3\,!} = \frac{13 \cdot 12 \cdot 11}{3 \cdot 2 \cdot 1} = \boxed{286} \;（通り）$$

（解終）

$$\boxed{\begin{aligned} {}_nC_r &= \frac{n(n-1)\cdots(n-r+1)}{r\,!} \\ {}_nC_r &= {}_nC_{n-r} \\ {}_nC_0 &= 1 \end{aligned}}$$

練習問題 4 　　　　　　　　　　　　解答は p. 178

（1） T 子の属する部署では 2 名のアルバイトを雇うことになったが，20 名の応募者があった．2 名の人選は何通り考えられるか調べなさい．

（2） K 郎の属する学科では 15 の専門科目のうち 10 科目を選んで単位を取らなければならない．何通りの選択方法があるか求めなさい．

2 標本空間

確率を定義する前に少し準備をしなければならない。

> **定義**
>
> 一定の条件のもとで，何回でも繰り返し行うことができる実験や観察を **試行（しこう）** という。また，試行を行った結果として生じる現象を **事象（じしょう）** といい，もうこれ以上分けることができない事象を **根元事象（こんげんじしょう）** という。

《説明》 試行とは，われわれが結果をコントロールすることができない無作為（むさくい）な行為のことである。たとえば

  試行1：サイコロを1回振る
  試行2：コインを2回投げる
  試行3：52枚のよく切られたトランプから1枚を引く
  試行4：K男，S子，T子の3人でジャンケンをする
     ⋮

などである。これらの試行の結果として生じた現象が事象となる。たとえば，

  事象1：奇数の目が出る
  事象2：2回とも表が出る
  事象3：ハートのカードを引く
  事象4：2人はグーを出し，1人はパーを出す
     ⋮

などである。また，事象1はこれ以上分けられない3つの根元事象

  事象1-1：1の目が出る
  事象1-2：3の目が出る
  事象1-3：5の目が出る

に分けることができる。

                （説明終）

§1 標本空間

> **定義**
> ある試行において，その根元事象を全部集めた集合を**標本空間**という。

《説明》 標本空間を U で表すと，左頁の各試行における標本空間は次のようになる。

　　試行1の標本空間 $U = \{1, 2, 3, 4, 5, 6\}$

　　　　（ただし，各数字はその目が出たことを表すものとする。）

　　試行2の標本空間 $U = \{HH, HT, TH, TT\}$

　　　　（ただし，H は表（head），T は裏（tail）を表し，1回目と2回目の結果を続けて表してある。）

　　試行3の標本空間 $U = \{①, ②, \cdots, ①, ②, \cdots, ①, \cdots, ⑬\}$

　　試行4の標本空間 $U = \{グググ, ググパ, ググチ, グパグ, \cdots\}$

　　　　（ただし，グパチなどは K 男がグー，S 子がパー，T 子がチョキを出す場合とする。）

標本空間 U の中の根元事象をいくつか集めてできた集合（部分集合）が事象となる。たとえば試行1では

　　試行1：サイコロを1回振る

　　標間空間 $U = \{1, 2, 3, 4, 5, 6\}$

　　事象1＝部分集合 $A = \{1, 3, 5\}$

(説明終)

事象とは標本空間の部分集合なのね。

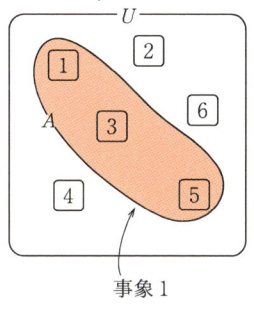

事象1

例題 5

コインを 3 回投げる試行を行い，表が出るか裏が出るか調べた。
（1）この試行の標本空間 U を求めてみよう。
（2）1 回目と 2 回目に同じ側が出る事象を U の部分集合 A として表してみよう。
（3）すべて同じ側が出る事象を U の部分集合 B として表してみよう。

解（1）tree を用いて根元事象，つまり起こり得るすべての場合を調べると右のようになる。ただし H は表，T は裏を表す。これより標本空間は

$$U = \{\text{HHH, HHT, HTH, HTT, THH, THT, TTH, TTT}\}$$

となる。

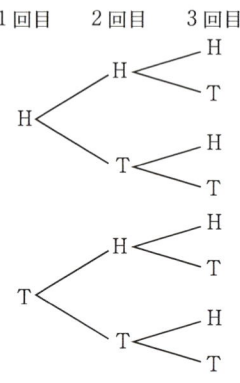

（2）U の要素の中で HH□，TT□ のものをさがすと

$$A = \{\text{HHH, HHT, TTH, TTT}\}$$

（3）すべて同じ H または T のものをさがすと

$$B = \{\text{HHH, TTT}\}$$

（解終）

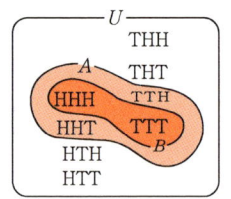

練習問題 5　　　　　　　　　　解答は p.178

サイコロを 2 回振った。
（1）この試行の標本空間 U を求めなさい。
（2）少なくとも 1 回は 1 の目が出る事象を U の部分集合 A として表しなさい。
（3）2 回の目の和が 6 となる事象を U の部分集合 B として表しなさい。

=== 定義 ===
ある試行における 2 つの事象 A と B について
$\quad A$ または B が起こる事象を $A \cup B$ で表し, A と B の**和事象**
$\quad A$ かつ B が起こる事象を $A \cap B$ で表し, A と B の**積事象**
$\quad A$ が生じない事象を $\overline{A}$ で表し, A の**余事象**
という。また,
$\quad$ 必ず何か起こる事象 U （標本空間）を**全事象**
$\quad$ 起こり得ない事象を ϕ で表し, **空事象**
という。

《説明》 ある試行の標本空間を U とすると，事象 A, B は U の部分集合とみなせた。
$\quad$ 和事象 $A \cup B$, 積事象 $A \cap B$
はそれぞれ右図の色のついた部分に属する事象のことである。また
$\quad A$ の余事象 $\overline{A}$
は事象 A が生じない事象なので，下左図の色のついた部分の事象である。

空事象 ϕ は，根元事象を全く含まない事象で，便宜上これも事象の仲間に入れておく。これと反対に，標本空間 U 自身も U の部分集合とみなせ，
$\quad$ 必ず何か起こる事象
に対応している。U の表す事象を**全事象**という。

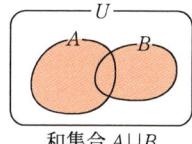
和集合 $A \cup B$

積集合 $A \cap B$

（説明終）

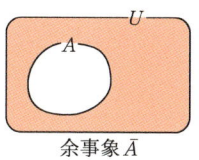
余事象 $\overline{A}$

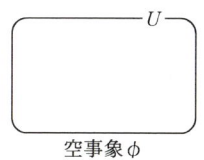
空事象 ϕ

全事象 U

例題 6

コインを3回投げる試行について,次の事象を求めてみよう。
(1) 1回目は表である。　(2) 3回目は表である。
(3) 1回目は表であり,かつ3回目も表である。
(4) 1回目か,または3回目が表である。
(5) 1回目は表ではない。

解 例題5よりこの試行の標本空間は右図のようになる。

事象 A：1回目は表である。
事象 B：3回目は表である。

とすると

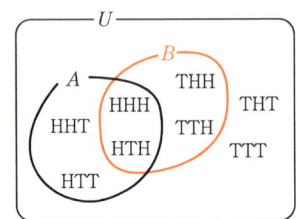

(1) 1回目が H であるものを集めて
$$A = \{\mathrm{HHH, HHT, HTH, HTT}\}$$
(2) 3回目が H であるものを集めて
$$B = \{\mathrm{HHH, HTH, THH, TTH}\}$$
(3) 求める事象は $A \cap B$ なので A と B の共通部分をとると
$$A \cap B = \{\mathrm{HHH, HTH}\}$$
(4) 求める事象は $A \cup B$ なので A と B の要素を合わせると
$$A \cup B = \{\mathrm{HHH, HHT, HTH, HTT, THH, TTH}\}$$
(5) "1回目は表でない＝1回目は裏である"であるが,余事象の考え方を使うと,求める事象は $\overline{A}$ と表されるので, A に属していない要素を書き出して
$$\overline{A} = \{\mathrm{THH, THT, TTH, TTT}\}$$
(解終)

$A \cup B$ を求めるとき重複するものは1つ書けばいいのよ。

練習問題 6　　　　　　解答は p.179

練習問題5において,次の事象を求めなさい。
(1) 2回の目の和が6となり,かつ少なくとも一方は1の目である事象 C。
(2) 少なくとも1回は1の目であるか,または目の和が6である事象 D。
(3) 1の目が1回も出ない事象 E。

> **定義**
>
> ある試行における 2 つの事象 A と B について $A \cap B = \phi$ のとき,
> A と B とは **排反** である,
> A と B は **排反事象** である,
> などという。

《説明》 積事象 $A \cap B$ は A と B が同時に起こる事象なので, $A \cap B = \phi$ ということは, A と B とが同時に起こり得ないことを意味している。A と $\overline{A}$ は必ず排反事象である。　　　　　　　　　　　　　　　（説明終）

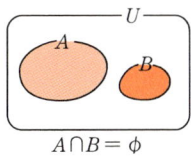

=== 例題 7 ===

コインを 3 回投げる試行において, 次の 3 つの事象のうち, 排反事象を選んでみよう。

　　事象 A：少なくとも 1 回は表である。
　　事象 B：少なくとも 2 回は裏である。
　　事象 C：すべて表である。

解　標本空間と各事象 A, B, C を表す部分集合は右図のようになるので, 積事象 $= \phi$ であるものは B と C。ゆえに B と C は排反事象である。　　　　（解終）

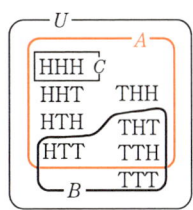

=== 練習問題 7 === 解答は p.179

サイコロを 2 回振る試行において, 次の 3 つの事象のうち, 排反事象を選びなさい。

　　事象 F：2 回とも同じ目である。
　　事象 G：目の和が奇数である。
　　事象 H：目の和が偶数である。

§2 確　率

１ 確　率

偶然的な要因があるときは試行の結果を事前に予測することはむずかしい。そこで，特定の事象の起こる可能性の程度を数値的に表すことを考えよう。

定義

有限個の根元事象からなる標本空間 U をもつ試行において，どの根元事象も同様に確からしく起こるものとする。このとき，この試行の事象 A について

$$P(A) = \frac{n(A)}{n(U)}$$

を事象 A の**数学的確率**という。ただし，$n(U)$, $n(A)$ はそれぞれ U と A に含まれている根元事象の個数を表す。

《説明》　数学的確率は，

$$\text{どの根元事象も同様に確からしく起こる}$$

という，理想的な状態で試行が行われるときの確率の定義である。たとえば

$$\text{試行：サイコロを１回振る}$$

という試行を考えたとき，それぞれの目が**"同様に確からしく出る"**という理想の状態を仮定したとき

　　事象 A：偶数の目が出る

という事象が起こる確率を

$$P(A) = \frac{n(A)}{n(U)} = \frac{\text{事象 } A \text{ に属する根元事象の数}}{\text{すべての根元事象の数}}$$
$$= \frac{3}{6} = \frac{1}{2}$$

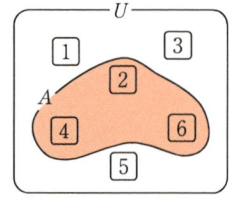

と定義する。現実では理想的なサイコロに限りなく近いものは作ることができても，理想のサイコロそのものを作ることは不可能である。いくら均一な材料でサイコロを作っても各面に目を彫ったり，色をつけたりすれば，たちまち仮定は崩れてしまう。
　　　　　　　　　　　　　　　　　　　　　　　　　　　（説明終）

═══ 例題 8 ═══

コインを 3 回投げる試行において，次の事象の起こる確率を求めてみよう．
　（1）　事象 A：1 回目は表である．
　（2）　事象 B：3 回とも同じ側が出る．
ただし，表が出るか裏が出るかは同様に確からしいものとする．

解　この試行の標本空間 U は右図の通りであった．U の根元事象の総数は 8，つまり 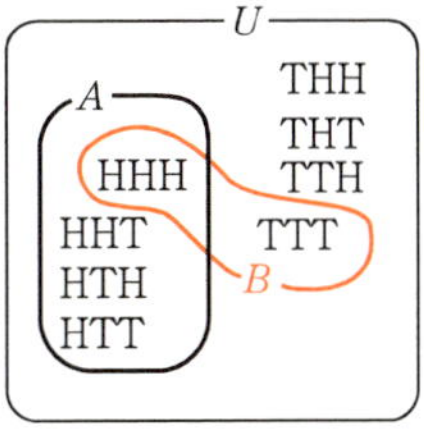
$$n(U) = 8$$
である．
（1）　事象 A を表す部分集合は
$$A = \{\text{HHH, HHT, HTH, HTT}\}$$
なので $n(A) = 4$．
$$\therefore \quad P(A) = \frac{n(A)}{n(U)} = \frac{4}{8} = \boxed{\frac{1}{2}}$$
（2）　事象 B を表す部分集合は
$$B = \{\text{HHH, TTT}\}$$
なので $n(B) = 2$．
$$\therefore \quad P(B) = \frac{n(B)}{n(U)} = \frac{2}{8} = \boxed{\frac{1}{4}} \qquad \text{（解終）}$$

═══ 練習問題 8 ═══　　解答は p. 179

サイコロを 2 回振る試行において，次の事象の起こる確率を求めよ．ただし，どの目も同様に確からしく出るものとする．
　（1）　事象 F：2 回とも同じ目である．
　（2）　事象 G：目の和が奇数である．
　（3）　事象 A：少なくとも 1 回は 1 の目が出る．

> **定義**
>
> ある試行を n 回行ったとき，事象 A が r 回起こったとする．試行回数 n をどんどん増加させたとき，事象 A が起こる相対度数 $\dfrac{r}{n}$ がほぼ一定の値になることが経験的に認められるとき，その値を $P(A)$ で表し，事象 A の**経験的確率**または**統計的確率**という．

《説明》 K郎とT子がジャンケンをしたとき，K郎がどのくらいの割合でT子に勝つか調べたとする．

試行：K郎とT子がジャンケンをする

を何回も行い，

事象：K郎が勝つ

が何回起こったか調べる．試行回数をどんどん増加させ，勝った割合，つまり相対度数を調べ，右の表のようになったとする．

この結果より，K郎がT子に勝つ経験的確率は

0.4

であると結論づけるのである．

しかし，試行回数 n をどんどん増加させてゆくことは不可能である．現実的には過去のデータなどをもとにして，事象の起こる確率を求めることが多い．

試行回数 n	K郎が勝った回数 r	相対度数 r/n
10	6	0.60
50	22	0.44
100	58	0.58
150	65	0.43
⋮	⋮	⋮
		0.42
		0.39
⋮	⋮	0.41
		0.40
⋮	⋮	⋮
↓		↓
∞		0.40

（説明終）

相撲の対戦も過去の勝敗でどっちが勝ちそうか推測するわね

例題 9

T子は休暇を利用して東南アジアを旅行して来たが，帰国後コレラにかかっていることがわかった。急いで過去のデータを調べたところ，891人の日本人コレラ患者のうち，死亡したのは56人であった。T子が運悪く死亡する確率はどのくらいと考えられるだろうか求めてみよう。

解 この例題の場合

試行：コレラにかかる（罹患する）

事象：死亡する

とみなし，経験的確率を，過去のデータで近似する。死亡数の相対度数を確率として計算すると

$$\frac{コレラで死亡した患者数}{コレラ患者数} = \frac{56}{891} \fallingdotseq 0.0629$$

このことより，T子の死亡する確率は約 0.06 と考えられる。 （解終）

アブナイアブナイ

練習問題 9   解答は p. 179

カフェ Sono では毎日約1200人の客のうち，約50人がちょっと高いスペシャル・コーヒーを注文する。1人の客が入って来たとき，この客がスペシャル・コーヒーを注文する確率はどのくらいと考えられるか。

数学的確率と経験的，統計的確率はいずれも次の性質をもっている。

定理 1.5

ある試行の標本空間 U における各事象 A の確率 $P(A)$ は次の性質をみたす。
（ⅰ）　$0 \leqq P(A) \leqq 1$
（ⅱ）　$P(\phi) = 0$, $P(U) = 1$
（ⅲ）　A と B が排反事象のとき，$P(A \cup B) = P(A) + P(B)$

《説明》　本来，「確率論」ではこの性質を一般化し，確率の公理としているが，本書では直感的に理解しやすい相対度数による数学的確率と経験的，統計的確率を確率の定義としておく。　　　　　　　　　　　　　　　　　　　（説明終）

定理 1.6

ある試行の標本空間 U の任意の事象 A と B について，次の式が成立する。
（1）　$P(A \cup B) = P(A) + P(B) - P(A \cap B)$
（2）　$P(\overline{A}) = 1 - P(A)$

【証明】（1）　$C = A \cap B$ とし，$A' = A \cap \overline{B}, B' = B \cap \overline{A}$
とおくと，A', B', C は互いに排反事象なので，
$$P(A) = P(A' \cup C) = P(A') + P(C)$$
$$P(B) = P(B' \cup C) = P(B') + P(C)$$

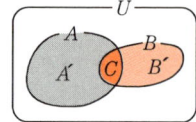

が成り立つ。したがって
$$P(A \cup B) = P(A' \cup C \cup B') = P(A') + P(C) + P(B')$$
$$= P(A) + P(B) - P(C) = P(A) + P(B) - P(A \cap B)$$
（2）　$U = A \cup \overline{A}$, $A \cap \overline{A} = \phi$ より
$$P(U) = P(A) + P(\overline{A})$$
$$\therefore \quad P(\overline{A}) = P(U) - P(A) = 1 - P(A) \qquad （証明終）$$

==== 例題 10 ====

コインを 3 回投げる試行において，

　　事象 A：1 回目に表が出る

　　事象 B：3 回とも同じ側が出る

とするとき，次の確率を求めてみよう。

　　（1）　$P(A \cup B)$　　　（2）　$P(\overline{A})$　　　（3）　$P(\overline{B})$

解　直接その事象に含まれる根元事象を調べれば求まるが，定理 1.5 の性質を使って求めてみよう。

事象 A, B は右図の通りである。例題 8 (p. 17) で求めた通り

$$P(A) = \frac{1}{2}, \ P(B) = \frac{1}{4}$$

である。

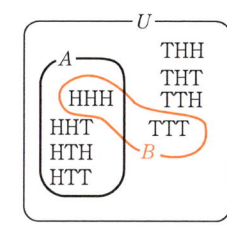

（1）　$n(A \cap B) = 1$ より $P(A \cap B) = \dfrac{n(A \cap B)}{n(U)} = \dfrac{1}{8}$

　　　$\therefore \ P(A \cup B) = P(A) + P(B) - P(A \cap B) = \dfrac{1}{2} + \dfrac{1}{4} - \dfrac{1}{8} = \boxed{\dfrac{5}{8}}$

（2）　$P(\overline{A}) = 1 - P(A) = 1 - \dfrac{1}{2} = \boxed{\dfrac{1}{2}}$

（3）　$P(\overline{B}) = 1 - P(B) = 1 - \dfrac{1}{4} = \boxed{\dfrac{3}{4}}$　　　　　　　　　（解終）

練習問題 10　　　　　　　　　　　　　　　　解答は p. 179

サイコロを 2 回振り，

　　　　事象 B：目の和が 6 である

　　　　事象 F：2 回とも同じ目が出る

とするとき，次の確率を求めなさい。

　　（1）　$P(B)$　　　（2）　$P(F)$　　　（3）　$P(B \cap F)$　　　（4）　$P(B \cup F)$

　　（5）　$P(\overline{F})$

2 条件付確率

事象 B が起こったという条件のもとで，事象 A の起こる確率を調べたい場合がある．そのようなときは，次の条件付確率という考え方を用いる．

定義

事象 B が起こったという条件のもとで，事象 A が起こる確率を $P(A|B)$ で表し，
$$P(A|B) = \frac{P(A \cap B)}{P(B)} \quad (ただし，P(B) \neq 0)$$
で定義する．これを事象 B のもとでの事象 A の**条件付確率**という．

《説明》 有限な標本空間 U をもつある試行において，事象 A の起こる確率 $P(A)$ は
$$P(A) = \frac{n(A)}{n(U)}$$
で求めた．

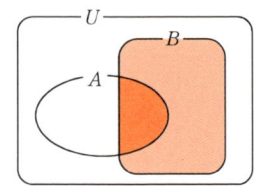

今，事象 A を「事象 B が起こった」という条件のもとで考えてみよう．つまり

　　標本空間を集合 B と考え，B の中で A が起こる確率を考える

のが，A の条件付確率である．事象 B の中で A が起こる事象は $A \cap B$ なので，B の中で A の起こる確率 $P(A|B)$ を考えると
$$P(A|B) = \frac{n(A \cap B)}{n(B)}$$
である．分母分子を $n(U)$ で割ると
$$P(A|B) = \frac{n(A \cap B) / n(U)}{n(B) / n(U)} = \frac{P(A \cap B)}{P(B)}$$
となる．

U を無限集合の場合にも拡張して，上のように条件付確率を定義する．

(説明終)

例題 11

コインを3回投げる試行において，1回目，2回目が異なった側が出たとき，3回目は2回目と同じ側が出る確率を求めてみよう。

解 条件付確率の考え方で求めてみよう。

試行と，いま考えている事象を書き出してみると

 試行：コインを3回投げる。

 事象 A：3回目は2回目と同じ側が出る。

 事象 B：1回目，2回目は異なった側が出る。

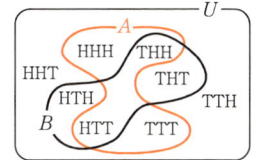

と書ける。標本空間 U は例題5（p.12）と同じで，事象 A, B を表す部分集合は

$$A = \{\text{HHH, HTT, THH, TTT}\}$$
$$B = \{\text{HTH, HTT, THH, THT}\}$$

なので

$$A \cap B = \{\text{HTT, THH}\}$$

となる。求めたいのは，B のもとでの A の起こる条件付確率 $P(A|B)$ である。

$$P(B) = \frac{n(B)}{n(U)} = \frac{4}{8} = \frac{1}{2}, \quad P(A \cap B) = \frac{P(A \cap B)}{n(U)} = \frac{2}{8} = \frac{1}{4}$$

より

$$P(A|B) = \frac{P(A \cap B)}{P(B)} = \frac{\frac{1}{4}}{\frac{1}{2}} = \frac{1}{4} \div \frac{1}{2} = \frac{1}{4} \times \frac{2}{1} = \boxed{\frac{1}{2}} \quad \text{（解終）}$$

練習問題 11 （解答は p.180）

サイコロを2回振るとき，次の確率を求めなさい。

（1）目の和が偶数である確率

（2）目の和が3の倍数である確率

（3）目の和が偶数であるとき，目の和が3の倍数でもある確率

（4）目の和が3の倍数となるとき，目の和が偶数にもなる確率

> **定義**
>
> 事象 A, B について，
> $$P(A|B) = P(A)$$
> が成立するとき，A と B は<u>独立</u>であるという。

《説明》 標本空間を U とすると
$$P(A) = P(A|U)$$
と書き表されるので，上式を書きかえると
$$P(A|B) = P(A|U)$$
となる。つまり，事象 A と B が独立であるとは

　　B の中で A の起こる確率
　　　$= U$ の中で A の起こる確率

ということを意味していて，

　　事象 A が起こることには事象 B は何ら関係していない

ということである。

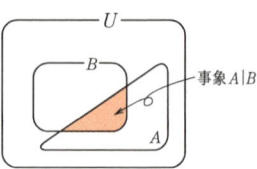

事象 $A|B$

条件付確率
$$P(A|B) = \frac{P(A \cap B)}{P(B)}$$
$(P(B) \neq 0)$

(説明終)

> **定理 1.7**
>
> 事象 A と B が独立であるための必要十分条件は
> $$P(A \cap B) = P(A)P(B)$$
> である。

【証明】 条件付確率の定義式を書き直すと
$$P(A \cap B) = P(A|B) \cdot P(B)$$
$$（ただし，P(B) \neq 0）$$
となる。この式を使えば
$$P(A|B) = P(A) \iff P(A \cap B) = P(A)P(B)$$
が示せる。

(証明終)

$A \cap B = \phi$ のときの排反事象とまちがわないでね。

例題 12

コインを3回投げる試行において，2つの事象

$$事象 A：3回目は2回目と同じ側が出る$$
$$事象 B：1回目，2回目は異なった側が出る$$

は独立であるかどうか調べてみよう。

解 定理1.7を使って調べよう。例題11（p.23）の結果を使って

$$P(A \cap B) = \frac{n(A \cap B)}{n(U)} = \frac{2}{8} = \frac{1}{4}$$

$$P(A) = \frac{n(A)}{n(U)} = \frac{4}{8} = \frac{1}{2}, \quad P(B) = \frac{n(B)}{n(U)} = \frac{4}{8} = \frac{1}{2}$$

$$P(A) \cdot P(B) = \frac{1}{2} \cdot \frac{1}{2} = \frac{1}{4}$$

ゆえに

$$P(A \cap B) = P(A) \cdot P(B) = \frac{1}{4}$$

が成立しているので，事象 A と B は独立である。 （解終）

練習問題 12　　　　　　　　　　　　　　　　　　　解答は p.180

サイコロを2回振るとき，次の3つの事象を考える。

　　事象 H：目の和が偶数である。
　　事象 I：目の和が3の倍数である。
　　事象 J：目の積が3の倍数である。

H と I，I と J，H と J はそれぞれ独立かどうか調べなさい。

3 ベイズの定理

条件付確率に関する有名な「**ベイズの定理**」を紹介する前に，少し準備をしよう。

> **定義**
> U を標本空間，B_1, B_2 を U の2つの事象とする。
> $$U = B_1 \cup B_2 \quad \text{かつ} \quad B_1 \cap B_2 = \phi$$
> が成立するとき，これを U の B_1, B_2 による**分割**という。

《説明》 分割とは，全体集合を共通部分のない集合で分けることをいう。 (説明終)

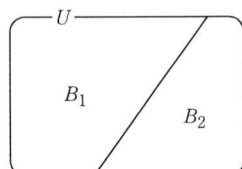

> **定理 1.8**
> 標本空間 U が事象 B_1 と B_2 で分割されているとき，事象 A について
> $$P(A) = P(A|B_1)P(B_1) + P(A|B_2)P(B_2)$$
> が成立する。

【証明】 $U = B_1 \cup B_2$, $B_1 \cap B_2 = \phi$ より
$$A = (A \cap B_1) \cup (A \cap B_2),$$
$$(A \cap B_1) \cap (A \cap B_2) = \phi$$
と書ける。条件付確率を使って変形すると
$$P(A) = P(A \cap B_1) + P(A \cap B_2)$$
$$= P(A|B_1)P(B_1) + P(A|B_2)P(B_2)$$

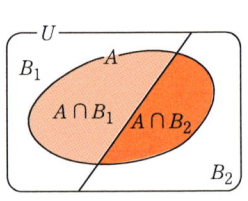

(証明終)

> **条件付確率**
> $$P(A|B) = \frac{P(A \cap B)}{P(B)}$$

例題 13

T子は来年の春に咲かせるチューリップの球根5個入りを10袋買った。帰って来て説明書をよく読むと

　　　　7袋は日本産で発芽率 0.90

　　　　3袋はオランダ産で発芽率 0.75

と書いてあった。全体として球根の発芽率はどのくらいになるか調べてみよう。

解 全部で $5 \times 10 = 50$ 個の球根がある。この中からランダムに1つ取り出したとき，この球根が発芽する確率 $P(A)$ を求めてみよう。球根は日本産 (J) かオランダ産 (H) かどちらかであり，それぞれの発芽率がわかっているので，定理 1.8 より

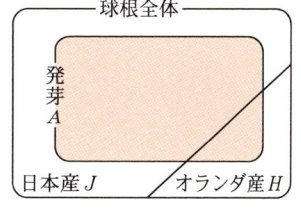

$$P(A) = P(発芽|J)P(J) + P(発芽|H)P(H)$$
$$= 0.90 \times \frac{5 \times 7}{50} + 0.75 \times \frac{5 \times 3}{50}$$
$$= 0.63 + 0.225$$
$$= 0.855$$

となる。したがって，発芽率は約 0.86 。　　　　　　（解終）

練習問題 13　　　　　　　解答は p.181

あるスーパーで，N県産のりんご100個とA県産のりんご150個を仕入れた。産地からの運送途中で，N県産には5％，A県産には9％の不良品が発生する。仕入れたりんごの中で何％が不良品になるおそれがあるか推測せよ。

=== 定理 1.9 [ベイズの定理] ===

ある試行の標本空間を U とし，事象 B_1, B_2 は U の分割であるとする。このとき，事象 A について次の式が成立する。

$$P(B_1 \mid A) = \frac{P(A \mid B_1)\, P(B_1)}{P(A \mid B_1)\, P(B_1) + P(A \mid B_2)\, P(B_2)}$$

（ただし，$P(A) \neq 0$，$P(B_1) \neq 0$，$P(B_2) \neq 0$ とする。）

【証明】 定理 1.8（p. 26）より

$$P(A) = P(A \mid B_1)\, P(B_1) + P(A \mid B_2)\, P(B_2)$$

が成立する。また，条件付確率の定義より

$$P(A \mid B_1) = \frac{P(A \cap B_1)}{P(B_1)}$$

が成立するので，

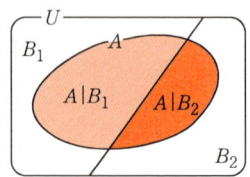

$$\begin{aligned}
P(B_1 \mid A) &= \frac{P(B_1 \cap A)}{P(A)} \\
&= \frac{P(A \cap B_1)}{P(A)} \\
&= \frac{P(A \mid B_1)\, P(B_1)}{P(A)} \\
&= \frac{P(A \mid B_1)\, P(B_1)}{P(A \mid B_1)\, P(B_1) + P(A \mid B_2)\, P(B_2)}
\end{aligned}$$

となる。　　　　　　　　　　　　　　　　　　　　　　　　　　（証明終）

《説明》 ある試行を行ったとき，結果として事象 A が起こったとする。このとき，事象 A が起こった原因は何かということを確率的に求めようとするのがベイズの定理である。つまり，A という結果が出た原因が B_1 である確率が $P(B_1 \mid A)$ である。

ベイズの定理において，$P(B_1)$ を原因 B_1 の **事前確率**，$P(B_1 \mid A)$ を原因 B_1 の **事後確率** という。　　　　　　　　　　　　　　　　（説明終）

--- 条件付確率 ---
$$P(A \mid B) = \frac{P(A \cap B)}{P(B)}$$

例題 14

V 病は 3000 人に 1 人の割合で発症する難病といわれており,この病気に対する第 1 次血液検査の信頼率(正しく判定される割合)は 97% である。K 男の友人が 1 次検査の結果,V 病であると判定された。この友人が本当に V 病にかかっている確率を求めてみよう。

《説明》 病気にかかっているかどうかの血液検査などには必ず誤判定が含まれる。　　　　　　　　　　（説明終）

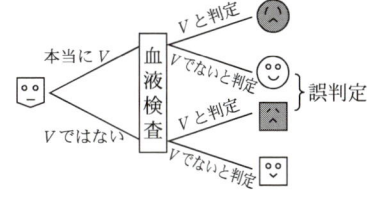

解 次のように事象に名前をつける。

　　A：1 次検査で V 病と判定。
　　B_1：V 病である。
　　B_2：V 病でない。

知りたいのは事象 A が起こったときの事象 B_1 の起こる確率なので,ベイズの定理より

$P(B_1), P(B_2)$ は**事前確率**,$P(B_1|A), P(B_2|A)$ は検査後なので**事後確率**よ。

$$P(B_1|A) = \frac{\text{☺}}{\text{☺} + \text{☹}}$$

$$= \frac{P(A|B_1)P(B_1)}{P(A|B_1)P(B_1) + P(A|B_2)P(B_2)}$$

$$= \frac{0.97 \times \dfrac{1}{3000}}{0.97 \times \dfrac{1}{3000} + (1-0.97) \times \dfrac{3000-1}{3000}}$$

$$= \frac{0.97}{0.97 \times 1 + 0.03 \times 2999} \fallingdotseq 0.0107$$

この計算結果より,K 男の友人が V 病にかかっている確率は約 0.01 である。　　　　　　　　　　（解終）

練習問題 14　　　　　　　　　　　　　解答は p.181

例題 14 において,1 次検査の結果,V 病でないと判定されたにもかかわらず,本当は V 病にかかっている確率を求めなさい。

Warner's Randomized Response Model

　高校の教師であるY夫は，生徒の喫煙状況を知りたいと思い，アンケート調査をすることにした。しかし，

　　Q. あなたはタバコを吸ったことがありますか？

[**Yes** , **No**]

という直接的な質問形式では，人目を気にして正直に答えてくれそうにもない。そこで，正直に答えやすいように，つぎのような

　　　　Warner's Randomized Response Model

と呼ばれる方法で，質問することにした。

　まず生徒一人一人が自分で10円玉を2回投げ，1回目と2回目の表or裏を覚えておく。次に，

　　1回目が表だった生徒は **Q.1** のみに正直に答えてもらう

　　1回目が裏で，2回目が表だった生徒は **Q.2** のみに正直に答えてもらう

　　その他の生徒は何も答えなくてよい

ことにする。**Q.1** と **Q.2** とは次の質問である。

　　Q.1 いままでにタバコを吸ったことがありますか？

[**Yes** , **No**]

　　Q.2 2回目に10円玉を投げたとき，表でしたか？

[**Yes** , **No**]

この答えを紙に書かせ，回収する。書かれた答えが **Yes** であっても **No** であっても，どちらの質問に答えたかは他人にはわからない。

　Y夫が学年主任をしている3年生全員253名にこの調査を行ったところ，

　　　　Yes……105名　　　　**No**……93名

という回答であった。この結果より，約何％の生徒が喫煙の経験があるか割り出してみよう。

"**Yes**" と回答した生徒は，**Q.1** に回答したか，**Q.2** に回答したか，いずれかである。ここに分割の考え方（p.26 参照）を使うと

$$P(\text{\textbf{Yes} と回答}) = P(\text{\textbf{Yes} と回答}|\text{\textbf{Q.1}}) \times P(\text{\textbf{Q.1} を選んだ})$$
$$+ P(\text{\textbf{Yes} と回答}|\text{\textbf{Q.2}}) \times P(\text{\textbf{Q.2} を選んだ})$$

となる。**Q.1** に回答した生徒を，全体からランダムに選んだサンプルと考え，$P(\text{\textbf{Yes} と回答}|\text{\textbf{Q.1}})$ を求める。ここで，

$P(\text{\textbf{Q.1} を選んだ})$
$P(\text{\textbf{Q.2} を選んだ})$
$P(\text{\textbf{Yes} と回答}|\text{\textbf{Q.2}})$

> これがミソ！

はすべてコイン投げの確率なので，0.5 とみなせる。ゆえに，

$$\frac{105}{253} = P(\text{\textbf{Yes} と回答}|\text{\textbf{Q.1}}) \times 0.5 + 0.5 \times 0.5$$

より，

$$P(\text{\textbf{Yes} と回答}|\text{\textbf{Q.1}}) = \frac{\frac{105}{253} - 0.5 \times 0.5}{0.5} \fallingdotseq 0.3300$$

となる。したがって，約 33％ の 3 年生が喫煙の経験があることがわかった。

人に知られたくないことや答えづらい質問をする場合には，こんな質問の仕方もある。

総合練習1

1. 当たりくじ1枚とはずれくじ5枚の入った箱があり，2人で交互に1枚ずつくじを取り出すとする。引いたくじは戻さないとき，先に引き始めた方と，後から引き始めた方とどっちが得か？

2. ちょっと高価な商品のキャンペーンで，次のようなゲームをしていた。3つの箱があり，1つの箱にはその商品が入っていて，他の2つは空である。客はこの中から1つの箱を選び，もし商品が入っていたら無料進呈される。ただし，箱を1つ選んだ後すぐには開けず，残りの2つのうち空の方の箱をスタッフが開けてくれる。そしてスタッフが

「箱を変更しますか？ それともそのまま？」

と聞いてくる。さあ，あなたならどうする？

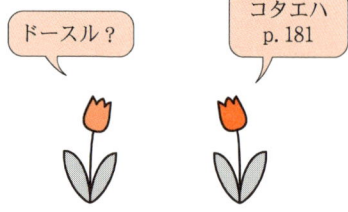

§1 確率変数と確率分布

第1章では，試行の結果である事象について個々にその起こる確率を調べてきた。ここでは，試行の結果を全体的にながめてみよう。

定義

試行の根元事象により値が定まる変数 X を **確率変数** という。

《説明》 確率変数 X は，偶然によりいろいろな値をとる変数のことである。たとえば

試行：サイコロを1回投げる

の根元事象は

A_1：1の目が出る　　A_2：2の目が出る
A_3：3の目が出る　　A_4：4の目が出る
A_5：5の目が出る　　A_6：6の目が出る

の6つである。そこで $i=1, 2, 3, 4, 5, 6$ について，

事象 A_i が生じたとき，$X=i$ とする

と定めると，X は確率変数となる。この場合，X は $1, 2, 3, 4, 5, 6$ のいずれかの値をとる。このように有限個の値，または無限個でも値を連続的にはとらない確率変数を **離散的な確率変数** という。

一方，

試行：100 m を走り，何秒かかるか調べる

の根元事象をすべて書くことはできないが，

事象 A_t：t 秒かかった

について，

事象 A_t が生じたとき，$X=t$ とする

と定めると，X は確率変数となり，値は正の範囲で連続的な実数をとる可能性がある。このように連続的に値をとる確率変数を **連続的な確率変数** という。

（説明終）

1 離散的な確率分布

X を離散的な確率変数とし，$x_1, x_2, \cdots, x_n$ の n 個の値をとるものとする。

定義

離散的な確率変数 X について，
$$f(x_i) = P(X = x_i) \quad (i = 1, 2, \cdots, n)$$
により定まる関数 $f(x)$ を確率変数 X の **確率関数** といい，X は確率分布 $f(x)$ に従うという。

《説明》 確率関数 $f(x)$ は **確率密度関数**，**確率分布** などと呼ばれることもある。

X	$f(x)$
1	1/6
2	1/6
3	1/6
4	1/6
5	1/6
6	1/6

　　試行：サイコロを 1 回振る

において，

　　確率変数 $X =$ 出た目の数

とすると，X は $1, 2, 3, 4, 5, 6$ の有限個の実数値をとり，$i = 1, 2, 3, 4, 5, 6$ に対して

$$P(X = i) = (X = i \text{ となる事象の確率}) = \frac{1}{6}$$

なので，X の確率関数は

$$f(x) = \frac{1}{6} \quad (x = 1, 2, 3, 4, 5, 6)$$

である。$f(x)$ のグラフを描くと右のようになる。X が離散的な確率変数の場合はこのように，グラフは一般的に点，点，…となる。また，直線を入れて棒グラフにしたり，各点を線で結んで変化をみたりする場合もある。

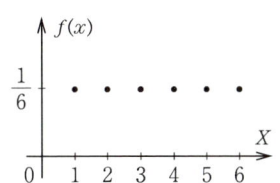

確率変数が無限個の値

をとるときも，同様に定義される。(説明終)

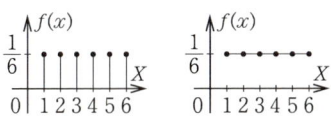

定理 2.1

$x_1, \cdots, x_n$ の値をとる離散的な確率変数 X の確率関数を $f(x)$ とするとき，次の式が成立する。

(ⅰ) $f(x_i) \geqq 0 \quad (i = 1, 2, \cdots, n)$

(ⅱ) $\sum_{i=1}^{n} f(x_i) = 1$

(ⅲ) $P(a \leqq X \leqq b) = \sum_{a \leqq x_i \leqq b} f(x_i)$

【証明】 (ⅰ) 確率関数の定義より
$$f(x_i) = P(X = x_i) \geqq 0 \quad (i = 1, 2, \cdots, n)$$

(ⅱ) $\sum_{i=1}^{n} f(x_i) = f(x_1) + f(x_2) + \cdots + f(x_n)$

$\qquad\qquad = P(X = x_1) + P(X = x_2) + \cdots + P(X = x_n)$

これは全確率の和となるので，

$\qquad\qquad = 1$

(ⅲ) $a \leqq x_i \leqq b$ である x_i を $c_1, \cdots, c_m$ とすると

$P(a \leqq X \leqq b) = X$ の値が $c_1, \cdots, c_m$ のいずれかになる事象の確率

$\qquad\qquad = P(X = c_1) + P(X = c_2) + \cdots + P(X = c_m)$

$\qquad\qquad = \sum_{a \leqq x_i \leqq b} f(x_i)$ (証明終)

例題 15

コインを3回投げる試行において，確率変数 X を次のように定める。

$$X = 2 \times (表の出た回数) - 1 \times (裏の出た回数)$$

(1) X の確率関数 $f(x)$ を求め，そのグラフを描いてみよう。

(2) 定理 2.1 の (ⅱ) の性質を確認してみよう。

(3) $P(X \leqq 0)$ を求めてみよう。

解 この試行の標本空間 V は右頁上のように8つの要素が存在した。それぞれの根元事象に対する X の値を計算すると X のとりうる値は $X = -3, 0, 3, 6$ の4つである。

（1） $f(a_i) = P(X = a_i)$
$= (X = a_i\ となる事象の確率)$

なので，
$$f(-3) = P(X = -3)$$
$$= P(\{TTT\}) = 1/8$$
$$f(0) = P(X = 0)$$
$$= P(\{HTT, THT, TTH\})$$
$$= 3/8$$
$$f(3) = P(X = 3) = P(\{HHT, HTH, THH\}) = 3/8$$
$$f(6) = P(X = 6) = P(\{HHH\}) = 1/8$$

X	根元事象	$f(x)$
-3	TTT	1/8
0	HTT, THT, TTH	3/8
3	HHT, HTH, THH	3/8
6	HHH	1/8

（H：表，T：裏）

これをまとめると右上の $f(x)$ の表となり，グラフは右下のようになる。

（2） X の値は全部で4つ（$n=4$）なので
$$\sum_{i=1}^{4} f(a_i) = f(-3) + f(0) + f(3) + f(6)$$
$$= \frac{1}{8} + \frac{3}{8} + \frac{3}{8} + \frac{1}{8} = \frac{8}{8} = 1$$

ゆえに定理 2.1 (ii) の式が確認された。

（3） $P(X \leq 0) = f(-3) + f(0)$
$$= \frac{1}{8} + \frac{3}{8} = \frac{4}{8} = \boxed{\frac{1}{2}}$$ （解終）

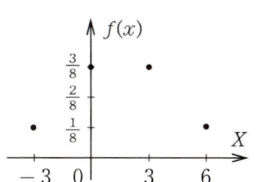

※※※ **練習問題 15** ※※※※※※※※※※※※※※※※※※ 解答は p. 182 ※※※

サイコロを 2 回振る試行において，確率変数 X を
$$X = 1\ 回目の目の数 + 2\ 回目の目の数$$
とするとき，

（1） X の確率関数 $f(x)$ を求め，そのグラフを描きなさい。

（2） 定理 2.1 の (ii) の性質を確認しなさい。

（3） $P(5 \leq X \leq 7)$ を求めなさい。

定義

離散的な確率変数 X の確率関数を $f(x)$ とするとき

$$E[X] = \sum_{i=1}^{n} x_i f(x_i)$$
$$= x_1 f(x_1) + \cdots + x_n f(x_n)$$

を X の**平均（値）**または**期待値**という。また，$\mu = E[X]$ とおくとき，

$$V[X] = \sum_{i=1}^{n} (x_i - \mu)^2 f(x_i)$$
$$= (x_1 - \mu)^2 f(x_1) + \cdots + (x_n - \mu)^2 f(x_n)$$

を X の**分散**という。

《説明》 平均と分散は確率変数 X の分布の様子や特徴を表す重要な数値である。確率変数 X は $x_1, \cdots, x_n$ の値をそれぞれ確率 $f(x_1), \cdots, f(x_n)$ の割合でとるので，

　　　　平均 $E[X]$ は変数 X がとる平均的，中心的な値

を表している。

また変数 X が平均 μ からどのくらい離れた値をとるか差 $(X-\mu)$ を考え，2乗して $(X-\mu)^2$ の平均をとった値が分散 $V[X]$ である。X は $x_1, \cdots, x_n$ の値を確率 $f(x_1), \cdots, f(x_n)$ の割合でとるので，$(x_1-\mu)^2, \cdots, (x_n-\mu)^2$ の値も確率 $f(x_1), \cdots, f(x_n)$ の割合でとる。したがって，分散 $V[X]$ は変数 $(X-\mu)^2$ がとる平均的な値を表し，

　　　　分散 $V[X]$ は変数 X の平均 μ からの平均的な離れ具合

を表している。分散は σ^2 の記号もよく使われる。

また，分散の正の平方根

$$\overset{\text{エスディー}}{SD}[X] = \sqrt{V[X]}$$

を X の**標準偏差**といい，記号 σ を使うことも多い。　　　　（説明終）

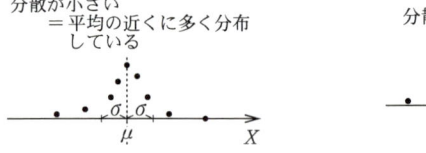

分散が小さい
＝平均の近くに多く分布している

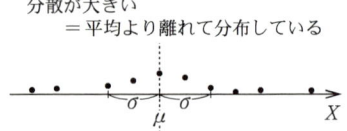

分散が大きい
＝平均より離れて分布している

§1 確率変数と確率分布　**39**

定理 2.2

離散的な確率変数 X の確率関数を $f(x)$ とし，
$$E[X^2] = \sum_{i=1}^{n} x_i^2 f(x_i)$$
とするとき，
$$V[X] = E[X^2] - E[X]^2$$
が成立する。

$E[X^2]$ は確率変数 X^2 の平均を意味するのよ。$E[X^2]$ と $E[X]^2$ の区別をしっかりつけてね。

【証明】 $V[X]$ の定義の式を変形して定理の式を導こう。

$\mu = E[X]$ とおくと

$$V[X] = \sum_{i=1}^{n}(x_i - \mu)^2 f(x_i) = \sum_{i=1}^{n}(x_i^2 - 2\mu x_i + \mu^2)f(x_i)$$

$$= \sum_{i=1}^{n}\{x_i^2 f(x_i) - 2\mu x_i f(x_i) + \mu^2 f(x_i)\}$$

$$= \sum_{i=1}^{n} x_i^2 f(x_i) - \sum_{i=1}^{n} 2\mu x_i f(x_i) + \sum_{i=1}^{n} \mu^2 f(x_i)$$

$2, \mu, \mu^2$ は定数なので $\sum$ の外に出すと

$$= \sum_{i=1}^{n} x_i^2 f(x_i) - 2\mu \sum_{i=1}^{n} x_i f(x_i) + \mu^2 \sum_{i=1}^{n} f(x_i)$$

ここで，

$$E[X^2] = \sum_{i=1}^{n} x_i^2 f(x_i)$$

$$\mu = E[X] = \sum_{i=1}^{n} x_i f(x_i)$$

$$\sum_{i=1}^{n} f(x_i) = 1 \text{ （全確率の和} = 1）$$

より

$$V[X] = E[X^2] - 2\mu \cdot \mu + \mu^2 \cdot 1$$
$$= E[X^2] - 2\mu^2 + \mu^2 = E[X^2] - \mu^2$$
$$= E[X^2] - E[X]^2$$

となる。

（証明終）

$E[X]$：期待値
└ **E**xpectation
$V[X]$：分散
└ **V**ariance
$SD[X]$：標準偏差
└ **S**tandard **D**eviation

例題 16

例題15 (p.36) で求めた X の確率関数 $f(x)$ (右の表) を用いて

$$\text{平均 } \mu, \quad \text{分散 } \sigma^2, \quad \text{標準偏差 } \sigma$$

を求めてみよう。また，分散 σ^2 は定義および定理2.2 の両方で求め，一致することを確認してみよう。

X	$f(x)$
-3	$1/8 = 0.125$
0	$3/8 = 0.375$
3	$3/8 = 0.375$
6	$1/8 = 0.125$

解 表を見ながら，平均 μ, 分散 σ^2 を求めよう。

$$\mu = E[X] = \sum_{i=1}^{4} x_i f(x_i)$$

$$= -3 \times \frac{1}{8} + 0 \times \frac{3}{8} + 3 \times \frac{3}{8} + 6 \times \frac{1}{8} = \boxed{\frac{3}{2}} = \boxed{1.5}$$

$$\sigma^2 = V[X] = \sum_{i=1}^{4} (x_i - \mu)^2 f(x_i)$$

$$= \left(-3 - \frac{3}{2}\right)^2 \times \frac{1}{8} + \left(0 - \frac{3}{2}\right)^2 \times \frac{3}{8}$$

$$+ \left(3 - \frac{3}{2}\right)^2 \times \frac{3}{8} + \left(6 - \frac{3}{2}\right)^2 \times \frac{1}{8}$$

$$= \left\{\left(-\frac{9}{2}\right)^2 + \left(-\frac{3}{2}\right)^2 \times 3 + \left(\frac{3}{2}\right)^2 \times 3 + \left(\frac{9}{2}\right)^2\right\} \times \frac{1}{8} = \boxed{\frac{27}{4}} = \boxed{6.75}$$

次に，定理2.2 を使って σ^2 を求める。

$$E[X^2] = \sum_{i=1}^{4} x_i^2 f(x_i)$$

定理2.2
$$V[X] = E[X^2] - E[X]^2$$

$$= (-3)^2 \times \frac{1}{8} + 0^2 \times \frac{3}{8} + 3^2 \times \frac{3}{8} + 6^2 \times \frac{1}{8} = \frac{72}{8} = 9$$

$$\therefore \quad \sigma^2 = E[X^2] - E[X]^2 = 9 - \left(\frac{3}{2}\right)^2 = \boxed{\frac{27}{4}} = \boxed{6.75} \quad (\text{上記結果と一致})$$

$$\sigma = \sqrt{\sigma^2} = \sqrt{\frac{27}{4}} = \boxed{\frac{3\sqrt{3}}{2}} \doteqdot \boxed{2.60} \quad\quad\quad (\text{解終})$$

練習問題 16　　　　　　　　　　　　　　　　　解答は p.182

練習問題15 (p.37) の確率変数 X について，平均 μ, 分散 σ^2, 標準偏差 σ を求めなさい。分散 σ^2 は 2 通りの方法で求め，一致することを確認しなさい。

定理 2.3

a, b を定数とするとき，次式が成立する。

（1） $E[aX + b] = aE[X] + b$

（2） $V[aX + b] = a^2 V[X]$

平均は線形性があるけど，分散には線形性はないということね。

《説明》 $E[aX + b]$ と $V[aX + b]$ はそれぞれ確率変数 $aX + b$ の平均と分散である。 （説明終）

【証明】 （1） 定義式を用いて示す。

$$E[aX + b] = \sum_{i=1}^{n}(ax_i + b)f(x_i)$$

$$= \sum_{i=1}^{n}\{ax_i f(x_i) + bf(x_i)\}$$

$$= a\sum_{i=1}^{n} x_i f(x_i) + b\sum_{i=1}^{n} f(x_i)$$

$$= aE[X] + b \cdot 1 = aE[X] + b$$

$E[X] = \sum_{i=1}^{n} x_i f(x_i) = \mu$

$V[X] = \sum_{i=1}^{n}(x_i - \mu)^2 f(x_i)$

（2） 定理 2.2 より

$$V[aX + b] = E[(aX + b)^2] - E[aX + b]^2$$

なので，$E[(aX + b)^2]$ を先に計算すると

$\sum_{i=1}^{n} f(x_i) = 1$

$$E[(aX + b)^2] = \sum_{i=1}^{n}(ax_i + b)^2 f(x_i)$$

$$= \sum_{i=1}^{n}(a^2 x_i^2 + 2abx_i + b^2)f(x_i)$$

$$= \sum_{i=1}^{n} a^2 x_i^2 f(x_i) + \sum_{i=1}^{n} 2abx_i f(x_i) + \sum_{i=1}^{n} b^2 f(x_i)$$

$$= a^2 \sum_{i=1}^{n} x_i^2 f(x_i) + 2ab \sum_{i=1}^{n} x_i f(x_i) + b^2 \sum_{i=1}^{n} f(x_i)$$

$$= a^2 E[X^2] + 2ab\mu + b^2 \cdot 1 = a^2 E[X^2] + 2ab\mu + b^2$$

（1）の結果と合わせて

$$V[aX + b] = \{a^2 E[X^2] + 2ab\mu + b^2\} - (a\mu + b)^2$$

$$= a^2 E[X^2] + 2ab\mu + b^2 - a^2 \mu^2 - 2ab\mu - b^2$$

$$= a^2 E[X^2] - a^2 \mu^2 = a^2\{E[X^2] - E[X]^2\}$$

$$= a^2 V[X]$$

（証明終）

2 連続的な確率分布

連続的な確率変数について，確率分布を考えよう。

定義

連続的な確率変数 X が，任意の実数 a, b $(a < b)$ に対して
$$P(a < X \leq b) = \int_a^b f(x)\,dx$$
となるような関数 $f(x)$ $(f(x) \geq 0)$ をもつとき，$f(x)$ を確率変数 X の**確率密度関数**といい，X は確率分布 $f(x)$ に従うという。

《説明》 確率変数 X は連続的な値をとるので，離散的な確率変数のときのように
$$P(X = a) = X\text{の値が}a\text{となる事象の確率}$$
と考えると，$P(X \leq a)$ などをどのように考えるのかいきづまってしまう。

そこで確率を常に X の範囲 $a < X \leq b$ で考えることにする。もし確率変数 X について，$a < X \leq b$ となる確率 $P(a < X \leq b)$ が
$$P(a < X \leq b) = \int_a^b f(x)\,dx$$
によって求められる $f(x)$ が存在すれば，この $f(x)$ を X の確率分布を表す関数とする。

確率を面積で定義するのよ。

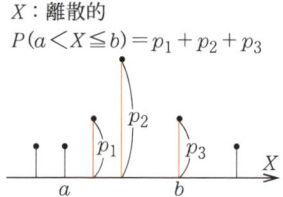

X：離散的
$P(a < X \leq b) = p_1 + p_2 + p_3$

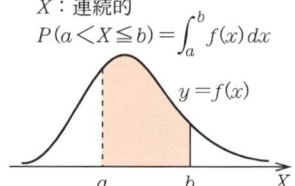

X：連続的
$P(a < X \leq b) = \int_a^b f(x)\,dx$

本来，$f(x)$ は $x<X\leqq x+\varDelta x$ の範囲の確率の平均，つまり密度

$$\frac{P(x<X\leqq x+\varDelta x)}{\varDelta x}$$

の $\varDelta x\to 0$ としたときの極限から考え出されたので，$f(x)$ を **確率密度関数** という．定義では $P(a<X\leqq b)$ としてあるが，X の範囲 $a<X\leqq b$ のイコールは本質的ではなく，

$$a\leqq X<b,\qquad a\leqq X\leqq b,\qquad a<X<b$$

で定義してもよい．ただし，a が $-\infty$ や b が $+\infty$ のときは等号なしの不等号となる．また，$a<X\leqq b$ や $a\leqq X<b$ の場合に $f(x)$ が連続関数でない場合には

$$\int_a^b f(x)\,dx$$

は広義定積分となるが，本書に現れる確率密度関数の積分に関しては，ほとんど通常の定積分と同じに求められるので問題はない．また，積分区間が無限区間である

$$\int_{-\infty}^b f(x)\,dx,\qquad \int_a^{+\infty} f(x)\,dx,\qquad \int_{-\infty}^{\infty} f(x)\,dx$$

などは無限積分となるが，有限の区間で求めてから極限をとることによって求めることができる（下図参照）．　　　　　　　　　　　　　　　　　　　（説明終）

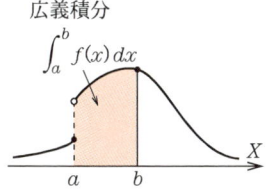

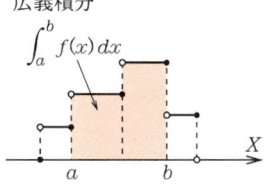

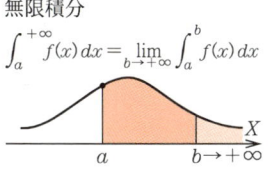

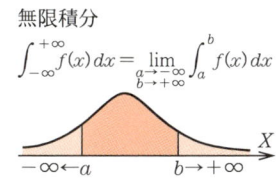

> **定理 2.4**
>
> 連続的な確率変数 X の確率密度関数を $f(x)$ とするとき,次の式が成立する.
>
> (1) $\displaystyle\int_{-\infty}^{+\infty} f(x)\,dx = 1$
>
> (2) 任意の実数 a に対して $P(X=a)=0$
>
> (3) 任意の $a, b\ (a<b)$ に対して
> $$P(a < X \leq b) = P(a \leq X \leq b)$$
> $$= P(a \leq X < b) = P(a < X < b)$$

【証明】(1) 確率変数 X が全区間 $-\infty < X < +\infty$ の範囲にあるときの確率を考えているので,全事象を U とすると

$$\int_{-\infty}^{+\infty} f(x)\,dx = P(-\infty < X < +\infty) = P(U) = 1$$

(2) 連続的な確率変数 X が a の値をとる確率 $P(X=a)$ は定義にはない.$a-c < X \leq a$ の区間で考え,$c \to 0$(ただし,$c > 0$)とすると

$$P(X=a) = \lim_{\substack{c \to 0 \\ (c>0)}} P(a-c < X \leq a) = \lim_{\substack{c \to 0 \\ (c>0)}} \int_{a-c}^{a} f(x)\,dx = 0$$

(3) (2) の結果より $P(X=a) = P(X=b) = 0$ なので

$$P(a \leq X \leq b) = P(X=a) + P(a < X \leq b)$$
$$= P(a < X \leq b)$$
$$P(a \leq X < b) = P(X=a) + P(a < X < b) + 0$$
$$= 0 + P(a < X < b) + P(X=b)$$
$$= P(a < X \leq b)$$

他の2つも同様に示せる.　　　（証明終）

X が連続的なときはいつも $P(X=a)=0$ なのね.

例題 17

確率変数 X の確率密度関数 $f(x)$ が次の式で与えられているとする。

$$f(x) = \begin{cases} \dfrac{2}{9}x & (0 \leq x \leq 3) \\ 0 & (他) \end{cases}$$

(1) $P(0 \leq X \leq 2)$, $P(1 < X \leq 4)$ を求めてみよう。

(2) $\displaystyle\int_{-\infty}^{+\infty} f(x)\,dx = 1$ を示してみよう。

解 $f(x)$ のグラフは右図のようになる。

(1) 定義よりそれぞれの確率を求める式をたてよう。積分範囲に気をつけて計算すると

$$P(0 \leq X \leq 2) = P(0 < X \leq 2)$$
$$= \int_0^2 f(x)\,dx = \int_0^2 \dfrac{2}{9}x\,dx$$
$$= \left[\dfrac{2}{9}\cdot\dfrac{1}{2}x^2\right]_0^2 = \dfrac{1}{9}(2^2 - 0^2) = \boxed{\dfrac{4}{9}}$$

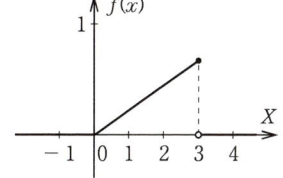

$$P(a < X \leq b) = \int_a^b f(x)\,dx$$

$$P(1 < X \leq 4) = \int_1^4 f(x)\,dx$$
$$= \int_1^3 \dfrac{2}{9}x\,dx + \int_3^4 0\,dx = \left[\dfrac{2}{9}\cdot\dfrac{1}{2}x^2\right]_1^3 + 0 = \dfrac{1}{9}(3^2 - 1^2) = \boxed{\dfrac{8}{9}}$$

(2) 全区間の確率である。区間に気をつけて

$$\int_{-\infty}^{+\infty} f(x)\,dx = \int_{-\infty}^0 0\,dx + \int_0^3 \dfrac{2}{9}x\,dx + \int_3^{+\infty} 0\,dx$$
$$= 0 + \left[\dfrac{2}{9}\cdot\dfrac{1}{2}x^2\right]_0^3 + 0 = \dfrac{1}{9}(3^2 - 0^2) = \boxed{1} \qquad (解終)$$

練習問題 17　　　解答は p.183

確率変数 X の確率密度関数 $f(x)$ が次式で与えられているとき，

$$f(x) = \begin{cases} -\dfrac{1}{2}x + \dfrac{1}{2} & (-1 < X \leq 1) \\ 0 & (他) \end{cases}$$

(1) $f(x)$ のグラフを描きなさい。

(2) $P(0 \leq X < 1)$, $P(-2 \leq X \leq 0)$ を求めなさい。

(3) $\displaystyle\int_{-\infty}^{+\infty} f(x)\,dx = 1$ を示しなさい。

例題 18

確率変数 X の確率密度関数が次式で与えられているとき,

$$f(x) = \begin{cases} 0 & (x < 0) \\ e^{-x} & (x \geqq 0) \end{cases}$$

(1) $P(0 \leqq X < 1)$, $P(X \leqq 1)$ を求めてみよう。

(2) $P(2 \leqq X)$ を求めてみよう。

(3) $P(-\infty < X < +\infty) = 1$ を示してみよう。

解 $y = f(x)$ のグラフを描くと右のようになる。

(1) $P(0 \leqq X < 1) = P(0 < X \leqq 1)$

$$= \int_0^1 f(x)\,dx = \int_0^1 e^{-x} dx$$

$$= \left[-e^{-x}\right]_0^1 = -e^{-1} - (-e^{-0})$$

$$= \boxed{1 - \frac{1}{e}}$$

$P(X \leqq 1) = P(-\infty < X \leqq 1)$

$$= \int_{-\infty}^1 f(x)\,dx$$

$$= \int_{-\infty}^0 0\,dx + \int_0^1 e^{-x} dx$$

$$= \boxed{1 - \frac{1}{e}}$$

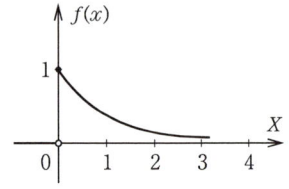

$$\int e^{ax} dx = \frac{1}{a} e^{ax} + C$$
$$(a \neq 0)$$

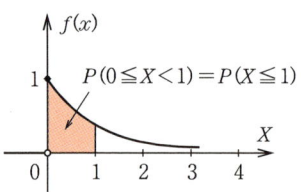

区間によって$f(x)$の式が異なるので気をつけてね。

（2） $P(2 \leqq X) = P(2 \leqq X < +\infty) = \int_2^{+\infty} e^{-x} dx$

これは無限積分なので書き直すと

$$= \lim_{a \to +\infty} \int_2^a e^{-x} dx = \lim_{a \to +\infty} [-e^{-x}]_2^a = \lim_{a \to +\infty} \{-e^{-a} - (-e^{-2})\}$$

$$= \lim_{a \to +\infty} \left(\frac{1}{e^2} - \frac{1}{e^a}\right) = \frac{1}{e^2} - 0 = \boxed{\frac{1}{e^2}} \qquad \boxed{e^0 = 1}$$

（3） $P(-\infty < X < +\infty) = \int_{-\infty}^{+\infty} f(x) dx$

$$= \int_{-\infty}^0 0 \, dx + \int_0^{+\infty} e^{-x} dx$$

$$= 0 + \lim_{a \to +\infty} \int_0^a e^{-x} dx = \lim_{a \to +\infty} [-e^{-x}]_0^a$$

$$= \lim_{a \to +\infty} \{-e^{-a} - (-e^{-0})\}$$

$$= \lim_{a \to +\infty} \left(-\frac{1}{e^a} + 1\right) = -0 + 1 = \boxed{1} \qquad \text{(解終)}$$

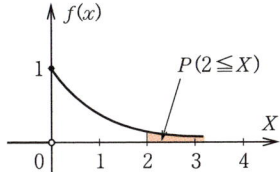

カクリツ＝メンセキ

練習問題 18　　　　　　　　　　　　　　解答は p. 184

確率変数 X の確率密度関数が次式で与えられているとき，

$$f(x) = \begin{cases} 0 & (x < 0) \\ 2e^{-2x} & (x \geqq 0) \end{cases}$$

（1）関数 $f(x)$ のグラフを描きなさい。
（2）$P(0 < X \leqq 2)$ を求めなさい。
（3）$P(3 \leqq X)$ を求めなさい。
（4）$P(-\infty < X < +\infty) = 1$ を示しなさい。

定義

連続的な確率変数 X の確率密度関数を $f(x)$ とするとき，
$$E[X] = \int_{-\infty}^{+\infty} x f(x)\, dx$$
を X の**平均**（**値**）または，**期待値**という。また，
$$V[X] = \int_{-\infty}^{+\infty} (x-\mu)^2 f(x)\, dx \quad (\text{ただし}, \ \mu = E[X])$$
を X の**分散**という。

《説明》 X の平均と分散の意味は離散的な場合と同じく

　　平均 $E[X]$ は X の分布の平均的な値

　　分散 $V[X]$ は X の分布の散らばり具合を表す値

である。また，平均と分散はそれぞれ μ, σ^2 の記号を用いることも多い。

　分散の正の平方根
$$SD[X] = \sqrt{V[X]}$$
を X の**標準偏差**といい，記号 σ を使うことも多い。　　　　　（説明終）

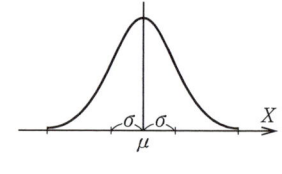

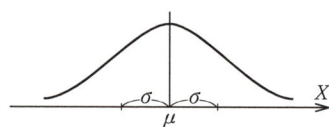

平均が同じでも上の方が分散が小さく，平均の回りに X の値がより多く分布しているということね。

定理 2.5

連続的な確率変数 X の確率密度関数を $f(x)$ とし，
$$E[X^2] = \int_{-\infty}^{+\infty} x^2 f(x)\,dx$$
とするとき，
$$V[X] = E[X^2] - E[X]^2$$
が成立する。

【証明】
$$\begin{aligned}
V[X] &= \int_{-\infty}^{+\infty} (x-\mu)^2 f(x)\,dx \\
&= \int_{-\infty}^{+\infty} (x^2 - 2\mu x + \mu^2) f(x)\,dx \\
&= \int_{-\infty}^{+\infty} \{x^2 f(x) - 2\mu x f(x) + \mu^2 f(x)\}\,dx
\end{aligned}$$

全体の無限積分を個々の無限積分に分けることができるとすると（分けるためには $f(x)$ に条件が必要となるが本書では扱わない），

$$\begin{aligned}
&= \int_{-\infty}^{+\infty} x^2 f(x)\,dx - 2\mu \int_{-\infty}^{+\infty} x f(x)\,dx + \mu^2 \int_{-\infty}^{+\infty} f(x)\,dx \\
&= E[X^2] - 2\mu \cdot \mu + \mu^2 \cdot 1 \\
&= E[X^2] - 2\mu^2 + \mu^2 = E[X^2] - \mu^2 \\
&= E[X^2] - E[X]^2
\end{aligned}$$

これで示された。

(証明終)

> $E[X] = \int_{-\infty}^{+\infty} x f(x)\,dx$
> $E[X^2] = \int_{-\infty}^{+\infty} x^2 f(x)\,dx$
> はそれぞれ $f(x)$ の **1次モーメント**，**2次モーメント**と呼ばれることもあるのよ。

$E[X]$: Expectation
$V[X]$: Variance
$SD[X]$: Standard Deviation

定理 2.6

a, b を定数とするとき，次式が成立する。

(1) $E[aX + b] = aE[X] + b$

(2) $V[aX + b] = a^2 V[X]$

$$E[X] = \int_{-\infty}^{+\infty} x f(x)\, dx = \mu$$
$$V[X] = \int_{-\infty}^{+\infty} (x - \mu)^2 f(x)\, dx$$

【略証明】（1）定義式を使って

$$\begin{aligned}
E[aX + b] &= \int_{-\infty}^{+\infty} (ax + b) f(x)\, dx \\
&= \int_{-\infty}^{+\infty} \{ ax f(x) + b f(x) \}\, dx \\
&= a \int_{-\infty}^{+\infty} x f(x)\, dx + b \int_{-\infty}^{+\infty} f(x)\, dx \\
&= aE[X] + b \cdot 1 = aE[X] + b
\end{aligned}$$

$$\int_{-\infty}^{+\infty} f(x)\, dx = 1$$

（2）定理 2.5 より

$$V[aX + b] = E[(aX + b)^2] - E[aX + b]^2$$

なので，$E[(aX + b)^2]$ を先に計算すると

$$\begin{aligned}
E[(aX + b)^2] &= \int_{-\infty}^{+\infty} (ax + b)^2 f(x)\, dx \\
&= \int_{-\infty}^{+\infty} (a^2 x^2 + 2abx + b^2) f(x)\, dx \\
&= a^2 \int_{-\infty}^{+\infty} x^2 f(x)\, dx + 2ab \int_{-\infty}^{+\infty} x f(x)\, dx + b^2 \int_{-\infty}^{+\infty} f(x)\, dx \\
&= a^2 E[X^2] + 2ab\mu + b^2 \cdot 1 = a^2 E[X^2] + 2ab\mu + b^2
\end{aligned}$$

定理 2.5
$$V[X] = E[X^2] - E[X]^2$$

（1）の結果と合わせて

$$\begin{aligned}
V[aX + b] &= \{ a^2 E[X^2] + 2ab\mu + b^2 \} - (a\mu + b)^2 \\
&= a^2 E[X^2] + 2ab\mu + b^2 - a^2 \mu^2 - 2ab\mu - b^2 \\
&= a^2 E[X^2] - a^2 \mu^2 \\
&= a^2 \{ E[X^2] - E[X]^2 \} \\
&= a^2 V[X]
\end{aligned}$$

（略証明終）

無限積分はすべて存在するものとします。

例題 19

例題 17（p.45）における確率分布 $f(x)$ の平均，分散，標準偏差を求めてみよう．

解 $f(x)$ は

$$f(x) = \begin{cases} \dfrac{2}{9}x & (0 \leqq x \leqq 3) \\ 0 & (他) \end{cases}$$

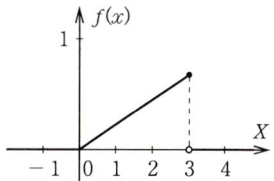

という式であった．定義に従って平均 $E[X]$，分散 $V[X]$ を求める．区間に気をつけて，

$$E[X] = \int_{-\infty}^{+\infty} x f(x)\,dx$$
$$= \int_{-\infty}^{0} x \cdot 0\,dx + \int_{0}^{3} x \cdot \frac{2}{9}x\,dx + \int_{3}^{+\infty} x \cdot 0\,dx$$
$$= 0 + \int_{0}^{3} \frac{2}{9}x^2\,dx + 0 = \frac{2}{9}\left[\frac{1}{3}x^3\right]_0^3 = \frac{2}{27}(3^3 - 0^3) = \boxed{2}$$

$$V[X] = E[X^2] - E[X]^2 = \int_{-\infty}^{+\infty} x^2 f(x)\,dx - 2^2$$
$$= \int_{-\infty}^{0} x^2 \cdot 0\,dx + \int_{0}^{3} x^2 \cdot \frac{2}{9}x\,dx + \int_{3}^{+\infty} x^2 \cdot 0\,dx - 4$$
$$= 0 + \int_{0}^{3} \frac{2}{9}x^3\,dx + 0 - 4 = \frac{2}{9}\left[\frac{1}{4}x^4\right]_0^3 - 4$$
$$= \frac{1}{18}(3^4 - 0^4) - 4 = \frac{9}{2} - 4 = \boxed{\frac{1}{2}} = \boxed{0.5}$$

これより標準偏差は

$$SD[X] = \sqrt{V[X]} = \sqrt{\frac{1}{2}} = \boxed{\frac{1}{\sqrt{2}}} \fallingdotseq \boxed{0.71} \qquad \text{（解終）}$$

練習問題 19　　　　　　　　　　　　　　　　　解答は p.184

練習問題 17（p.45）における確率分布 $f(x)$ の平均，分散，標準偏差を求めなさい．

例題 20

例題 18（p. 46）における確率分布 $f(x)$ の平均，分散，標準偏差を求めてみよう。

解 無限積分に気をつけて計算しよう。

$$E[X] = \int_{-\infty}^{+\infty} x f(x)\, dx$$

$$= \int_{-\infty}^{0} x \cdot 0\, dx + \int_{0}^{+\infty} x \cdot e^{-x}\, dx$$

$$= 0 + \lim_{b \to +\infty} \int_{0}^{b} x e^{-x}\, dx$$

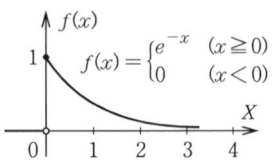

部分積分を用いて計算し，極限値を求めると（右頁参照）

$$= \lim_{b \to +\infty} \bigl[-x e^{-x} - e^{-x}\bigr]_{0}^{b}$$

$$= \lim_{b \to +\infty} \{-b e^{-b} - e^{-b} - (-0 \cdot e^{-0} - e^{-0})\}$$

$$= \lim_{b \to +\infty} \left(-\frac{b}{e^{b}} - \frac{1}{e^{b}} + 0 + 1\right) = -0 - 0 + 0 + 1 = \boxed{1} \qquad \left(e^{0} = 1\right)$$

分散は定理 2.5（p. 49）を用いて求めてみる。

$$E[X^2] = \int_{-\infty}^{+\infty} x^2 f(x)\, dx$$

$$= \int_{-\infty}^{0} x^2 \cdot 0\, dx + \int_{0}^{+\infty} x^2 e^{-x}\, dx$$

$$= 0 + \lim_{b \to +\infty} \int_{0}^{b} x^2 e^{-x}\, dx$$

$$\left(\int e^{ax}\, dx = \frac{1}{a} e^{ax} + C \quad (a \neq 0)\right)$$

部分積分は微分積分の授業でやったわね。

定理 2.5
$$V[X] = E[X^2] - E[X]^2$$

部分積分を 2 回用いて計算し，極限値を求めると

$$= \lim_{b \to +\infty} \left[-x^2 e^{-x} - 2x e^{-x} - 2 e^{-x} \right]_0^b$$

$$= \lim_{b \to +\infty} \{ -b^2 e^{-b} - 2b e^{-b} - 2 e^{-b} - (-0^2 \cdot e^{-0} - 2 \cdot 0 \cdot e^{-0} - 2 \cdot e^{-0}) \}$$

$$= \lim_{b \to +\infty} \left(-\frac{b^2}{e^b} - \frac{2b}{e^b} - \frac{2}{e^b} + 0 + 0 + 2 \cdot 1 \right)$$

$$= -0 - 0 - 0 + 0 + 0 + 2 = 2$$

$$\therefore \quad V[X] = E[X^2] - E[X]^2 = 2 - 1^2 = \boxed{1}$$

標準偏差は

$$SD[X] = \sqrt{V[X]} = \sqrt{1} = \boxed{1} \qquad \text{(解終)}$$

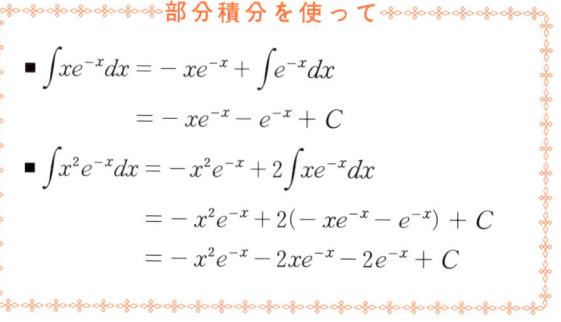

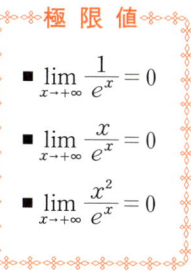

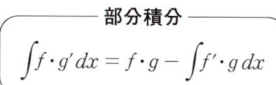

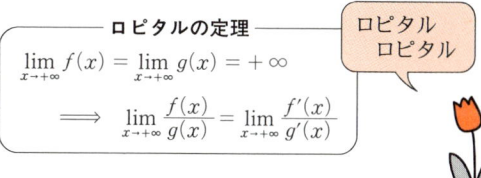

※※※ **練習問題 20** ※※※※※※※※※※※※※※※※※※※※※ 解答は p. 185 ※※※

練習問題 18（p. 47）における確率分布 $f(x)$ の平均，分散，標準偏差を求めなさい。

§2 重要な確率分布

ここでは，次のよく使われる重要な確率分布について説明しよう。

　　　離散的 … 二項分布，ポアソン分布

　　　連続的 … 正規分布，指数分布，一様分布，t 分布，χ^2 分布，F 分布

1 二項分布

> **定義**
>
> 同じタイプの n 回の試行
> $$T_1, T_2, T_3, \cdots, T_n$$
> において，どの回の試行 $T_i\,(i=1, 2, \cdots, n)$ の結果も，それ以前の試行 $T_1, T_2, \cdots, T_{i-1}$ の影響をまったく受けないとき，**独立な試行** または **独立試行列** という。

《説明》　たとえば普通のサイコロを使って

　　　　　　試行：サイコロを振る

を n 回繰り返したとき，ある回の出た目はそれ以前の試行の影響をまったく受けないと考えられるので，独立な試行である。しかし

　　　　　　試行：ある人に漢字のテストをする

を同じ問題で n 回繰り返したとき，ある回の結果はそれ以前の試行の影響を受けて得点が高くなることが考えられる。このような場合，独立な試行とはいえない。　　　　　　　　　　　　　　　　　　　　　　　　　　　　（説明終）

例題 21

1つのサイコロを5回振るとき

　　確率変数 $X=1$ の目が出る回数

の確率関数 $f(x)$ を求めてみよう。

確率関数
X：離散的
$f(x) = P(X = x)$

解　　試行：1つのサイコロを振る
を5回行う独立試行である。

$$f(x) = P(X = x)$$
$$= 1\text{の目が5回のうち，ちょうど }x\text{回出る確率}$$

を求めればよい。5回のうち x 回選ぶ方法は ${}_5C_x$ 通りであり，

　　x 回は1の目　かつ　$(5-x)$ 回は1以外の目である確率
$$= \left(\frac{1}{6}\right)^x \left(\frac{5}{6}\right)^{5-x}$$

なので

$$f(x) = {}_5C_x \left(\frac{1}{6}\right)^x \left(\frac{5}{6}\right)^{5-x}$$

となる。　　　　　　　　　　（解終）

${}_nC_r$
${}_nC_r = n$ 個のものから r 個を
取り出す組合せの数
$= \dfrac{n(n-1)\cdots(n-r+1)}{r!}$

練習問題 21　　　　　　　　　　解答は p. 185

絵札12枚とジョーカー1枚のトランプ13枚がある。この中から無作為に1枚取り出し，何の札か確認してからもとに戻す。これを10回繰り返したとき，ジョーカーを取り出した回数を確率変数 X として，X の確率関数 $f(x)$ を求めなさい。

定義

離散的な確率変数 X が確率分布
$$f(x) = {}_nC_x\, p^x q^{n-x} \quad (p > 0,\ q > 0,\ p+q = 1\ ;\ x = 0, 1, 2, \cdots, n)$$
に従うとき，X は**二項分布** $Bin(n, p)$ に従うという。

《説明》 ある試行で，事象 A が起こる確率を p とする。この試行を独立に n 回行い，A の起こる回数を確率変数 X とするとき，X が従う分布 $f(x)$ がこの二項分布である。

例題21，練習問題21の X はそれぞれ $Bin\left(5, \dfrac{1}{6}\right)$，$Bin\left(10, \dfrac{1}{13}\right)$ の2項分布に従う確率変数である。

いくつかの n と p の値について，$f(x)$ のグラフを右に図示してある。

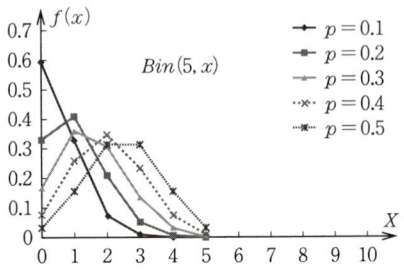

(説明終)

定理 2.7

二項分布 $Bin(n, p)$ について
平均 $E[X] = np$，
分散 $V[X] = npq$
である。(ただし，$p + q = 1$)

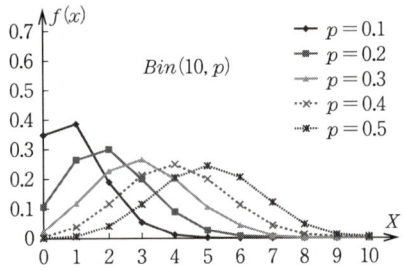

【略証明】 二項係数については
$$k\,{}_nC_k = n\,{}_{n-1}C_{k-1}, \quad k(k-1)\,{}_nC_k = n(n-1)\,{}_{n-2}C_{k-2}$$
が成立するので，途中この等式を使って計算する。

$$\begin{aligned}
E[X] &= \sum_{k=0}^{n} k f(k) = \sum_{k=0}^{n} k\,{}_nC_k\, p^k q^{n-k} \\
&= np \sum_{k=1}^{n} {}_{n-1}C_{k-1}\, p^{k-1} q^{n-k} \\
&\stackrel{k-1=i}{=} np \sum_{i=0}^{n-1} {}_{n-1}C_i\, p^i q^{(n-1)-i} = np \cdot 1 = np = \mu
\end{aligned}$$

$$V[X] = E[X^2] - E[X]^2 = \sum_{k=0}^{n} k^2 f(k) - \mu^2$$
$$= \sum_{k=0}^{n} \{k(k-1) + k\} f(k) - \mu^2$$
$$= \sum_{k=0}^{n} k(k-1) \, {}_nC_k \, p^k q^{n-k} + \mu - \mu^2$$
$$= n(n-1) \sum_{k=2}^{n} {}_{n-2}C_{k-2} \, p^k q^{n-k} + \mu - \mu^2$$
$$= n(n-1) p^2 \sum_{k=2}^{n} {}_{n-2}C_{k-2} \, p^{k-2} q^{(n-2)-(k-2)} + \mu - \mu^2$$
$$\overset{k-2=i}{=} n(n-1) p^2 \sum_{i=0}^{n-2} {}_{n-2}C_i \, p^i q^{(n-2)-i} + \mu - \mu^2$$
$$= n(n-1) p^2 \cdot 1 + \mu - \mu^2$$
$$= np(1-p) = npq \qquad \text{(略証明終)}$$

=== **例題 22** ===

例題 21（p.55）の確率変数 X について，平均 $E[X]$，分散 $V[X]$，標準偏差 $SD[X]$ を求めてみよう．

解 例題 21 の確率変数 X は二項分布 $Bin\left(5, \dfrac{1}{6}\right)$ に従っていた．

$n = 5,\ p = \dfrac{1}{6}$ なので $q = 1 - p = 1 - \dfrac{1}{6} = \dfrac{5}{6}$

$E[X] = np = 5 \times \dfrac{1}{6} = \boxed{\dfrac{5}{6}} \fallingdotseq \boxed{0.83}$

$V[X] = npq = 5 \times \dfrac{1}{6} \times \dfrac{5}{6} = \boxed{\dfrac{25}{36}} \fallingdotseq \boxed{0.69}$

$SD[X] = \sqrt{V[X]} = \sqrt{\dfrac{25}{36}} = \boxed{\dfrac{5}{6}} \fallingdotseq \boxed{0.83}$

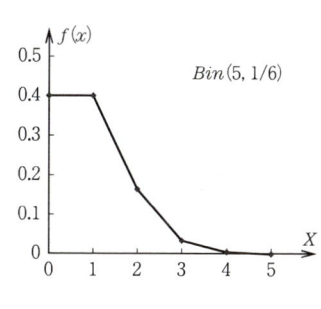

（解終）

=== **練習問題 22** === 解答は p.186

練習問題 21（p.55）における確率変数 X について，平均，分散，標準偏差を求めなさい．

2 ポアソン分布

独立試行を n 回行ったとき，事象 A が生じる回数 X は二項分布
$$f(x) = {}_n\mathrm{C}_x\, p^x q^{n-x}$$
$$(p+q=1\,;\, x=0,1,2,\cdots,n)$$
に従っていた。

> **二項分布**
> $f(x) = {}_n\mathrm{C}_x\, p^x q^{n-x}$
> $\begin{pmatrix} x = 0, 1, 2, \cdots, n \\ p+q=1,\ 0 < p < 1 \end{pmatrix}$
> $E[X] = np,\quad V[X] = npq$

この分布において，平均 np を一定の値 λ に保ちながら試行回数 n を限りなく多く（$n \to +\infty$）してみよう。

$$np = \lambda,\ p+q=1 \quad \text{より} \quad p = \frac{\lambda}{n},\ q = 1 - \frac{\lambda}{n}$$

なので，二項分布の確率関数 $f(x)$ に代入して変形すると

$$f(x) = \frac{n(n-1)\cdots(n-x+1)}{x!}\left(\frac{\lambda}{n}\right)^x\left(1-\frac{\lambda}{n}\right)^{n-x}$$

$$= \frac{n(n-1)\cdots(n-x+1)}{x!}\frac{\lambda^x}{n^x}\left(1-\frac{\lambda}{n}\right)^{n-x}$$

$$= \frac{n(n-1)\cdots(n-x+1)}{n^x}\frac{\lambda^x}{x!}\left(1-\frac{\lambda}{n}\right)^{n-x}$$

$$= \left(\frac{n}{n}\right)\left(\frac{n-1}{n}\right)\cdots\left(\frac{n-x+1}{n}\right)\frac{\lambda^x}{x!}\frac{\left(1-\frac{\lambda}{n}\right)^n}{\left(1-\frac{\lambda}{n}\right)^x}$$

$$= 1 \cdot \left(1-\frac{1}{n}\right)\cdots\left(1-\frac{x-1}{n}\right)\frac{\lambda^x}{x!}\frac{\left\{\left(1+\frac{(-\lambda)}{n}\right)^{\frac{n}{-\lambda}}\right\}^{-\lambda}}{\left(1-\frac{\lambda}{n}\right)^x}$$

ここで $n \to +\infty$ とすると

$$\longrightarrow\ 1\cdot 1\cdot\cdots\cdot 1\cdot\frac{\lambda^x}{x!}\frac{e^{-\lambda}}{(1-0)^x} = e^{-\lambda}\frac{\lambda^x}{x!}$$

> **極限公式**
> $\displaystyle\lim_{n\to+\infty}\left(1+\frac{1}{n}\right)^n = e$
> $\displaystyle\lim_{n\to+\infty}\left(1+\frac{a}{n}\right)^n = e^a$

となる。

この関数を確率関数にもつ分布を考えてみよう。

> **定義**
> $0, 1, 2, \cdots$ の値をとる確率変数 X が確率関数
> $$f(x) = e^{-\lambda} \frac{\lambda^x}{x!} \quad (x = 0, 1, 2, \cdots)$$
> をもつとき，X は **ポアソン分布** $Po(\lambda)$ に従うという。

《説明》 ある病院で1日に来る救急車の数 X を次のように考えてみよう。

1日24時間を n 等分し，1日を $I_1, I_2, \cdots, I_n$ と $\frac{24}{n}$ 時間ずつに分ける。n を十分大きくとれば，各 I_i には救急車が1回来るか来ないか，どちらかと考えられる。

試行 T_i：I_i の間に救急車が来るか来ないかを調べる

確率変数 $X_i = \begin{cases} 1 & (I_i \text{に救急車が来たとき}) \\ 0 & (I_i \text{に救急車が来ないとき}) \end{cases}$

とする。そして，$X_1, \cdots, X_n$ を使って新しい確率変数を

$$X = X_1 + X_2 + \cdots + X_n$$

とすると，X は二項分布に従うので，1日に来る救急車の平均回数 λ はそのままにして，$n \to +\infty$ にすると，X は上記のポアソン分布の確率関数をもつことがわかる。

このように，二項分布の極限を考えることにより，時間的，空間的にポツポツと起こる現象や，稀に起こる現象の回数を確率変数としてとらえたのが **ポアソン分布** である。交通事故の回数，来客数，不良品の発生数などはポアソン分布でよく近似される。

平均 λ をもつポアソン分布の確率関数のグラフは右のようになる。二項分布のグラフと比較してみよう。 (説明終)

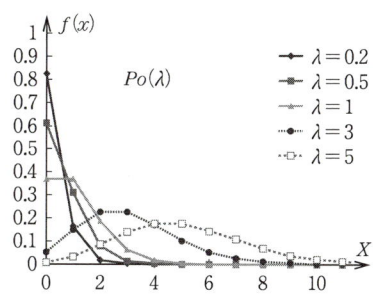

平均 λ は通常の平均値をそのまま使えるのよ。

定理 2.8

確率変数 X がポアソン分布

$$f(x) = e^{-\lambda}\frac{\lambda^x}{x!}$$

に従っているとき，平均と分散は

$$E[X] = \lambda, \quad V[X] = \lambda$$

である。

この分布は，ポアソン(1781〜1840)さんが軍隊で馬に蹴られて死ぬ兵隊の数を調べているうちに思いついたそうよ。

ウッ，マー！

【証明】 ポアソン分布は，二項分布において

$$np = \lambda, \quad n \to +\infty$$

としたときの極値であった。二項分布の平均と分散において $n \to +\infty$ とすると

二項分布 $\xrightarrow[n \to +\infty]{np = \lambda}$ ポアソン分布

$f(x) = {}_nC_x p^x q^{n-x} \quad \longrightarrow \quad f(x) = e^{-\lambda}\dfrac{\lambda^x}{x!}$

$E[X] = np \quad \longrightarrow \quad E[X] = \lambda$

$V[X] = npq = np(1-p)$
$\quad = np\left(1 - \dfrac{\lambda}{n}\right) \quad \longrightarrow \quad V[X] = \lambda(1-0) = \lambda$

(証明終)

例題 23

電話会社に勤めているD氏は若者の携帯電話の利用状況を調べたところ，20歳代の利用者は1時間に平均3件のメールを送っていることがわかった。1時間に送るメールの件数を確率変数 X とし，X が平均3のポアソン分布 $Po(3)$ に従っているとき，

（1） $Po(3)$ の確率関数 $f(x)$ を求め，そのグラフも描いてみよう。
（2） 確率 $P(3 \leq X \leq 5)$ を求めてみよう。
（3） 1時間に5件以上のメールを送る確率を求めてみよう。

解 (1) $Po(3)$ の確率関数 $f(x)$ の式は，$\lambda=3$ の場合なので

$$f(x)=e^{-3}\frac{3^x}{x!} \quad (x=0,1,2,\cdots)$$

である。$x=0,1,2,3,4,5,\cdots$ のときの値を求め（右表），グラフを描くと右下のようになる。

x	$f(x)$
0	$e^{-3}\cdot 3^0/0!=0.0498$
1	$e^{-3}\cdot 3^1/1!=0.1494$
2	$e^{-3}\cdot 3^2/2!=0.2240$
3	$e^{-3}\cdot 3^3/3!=0.2240$
4	$e^{-3}\cdot 3^4/4!=0.1680$
5	$e^{-3}\cdot 3^5/5!=0.1008$
6	$e^{-3}\cdot 3^6/6!=0.0504$
⋮	⋮

(2) 右の表を用いて計算すると

$P(3\leqq X\leqq 5)$
$=P(X=3)+P(X=4)+P(X=5)$
$=0.2240+0.1680+0.1008$
$=\underline{0.4928}$

(3) 求める確率は $P(X\geqq 5)$ なので，余事象の考えを用いて

$P(X\geqq 5)=1-P(0\leqq X\leqq 4)$
$=1-\{P(X=0)+P(X=1)+P(X=2)+P(X=3)+P(X=4)\}$
$=1-(0.0498+0.1494+0.2240+0.2240+0.1680)$
$=1-0.8152=\underline{0.1848}$

（解終）

$0!=1$

注 これから小数点のついた計算がたくさん出てくるが，これ以降，原則として小数点以下第 5 位を四捨五入して小数点以下第 4 位まで示しておき，必要に応じて最終結果をさらに丸めることにする。また，計算途中で四捨五入するときや数表を利用した近似値にも「＝」をそのまま用いることがある。

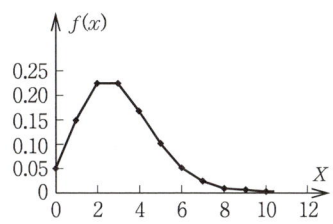

練習問題 23　　　　解答は p.186

薬剤師のM氏が勤めている調剤薬局では，毎週月曜日の午前中は 5 分間に平均 2 人の客が来る。客の数 X が平均 2 のポアソン分布 $Po(2)$ に従っているとき，

(1) $Po(2)$ の確率関数 $f(x)$ の式を書き，グラフを描きなさい。

(2) 確率 $P(0\leqq X\leqq 2)$ を求めなさい。

(3) 5 分間に 6 人以上の客が来る確率を求めなさい。

3 正規分布

定義

連続的な確率変数 X が確率密度関数

$$f(x) = \frac{1}{\sqrt{2\pi}\,\sigma} e^{-\frac{1}{2}\left(\frac{x-\mu}{\sigma}\right)^2}$$

をもつとき，X は **正規分布** $N(\mu, \sigma^2)$ に従うという。

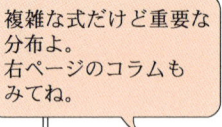

《説明》 右頁で示すように，正規分布 $N(\mu, \sigma^2)$ における μ と σ^2 は

μ：平均 ， σ^2：分散

を表していて，確率密度関数 $f(x)$ のグラフは右のように平均を中心に左右対称な山型となっている。

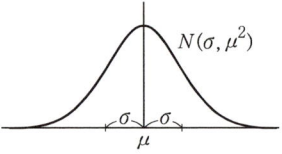

物の長さや重さなどの測定値をはじめ，多くの確率変数がこの分布に従っている。また，複雑な分布でも正規分布で近似できたり，変数変換により正規分布に従う確率変数に直して数理的処理をしたりする。

特に平均 $\mu = 0$，分散 $\sigma^2 = 1$ である正規分布 $N(0,1)$ を **標準正規分布** という。$N(0,1)$ に従う確率変数 X の確率密度関数は次の式である。

$$f(x) = \frac{1}{\sqrt{2\pi}} e^{-\frac{1}{2}x^2}$$

（説明終）

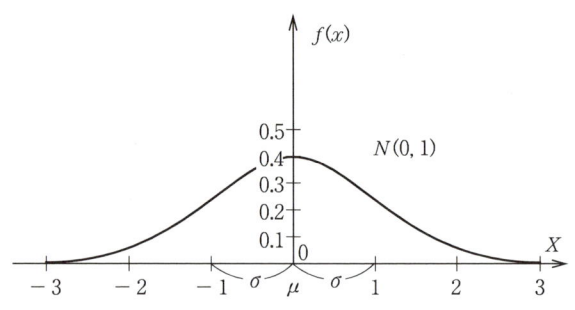

ガウスの誤差関数

正規分布の確率密度関数

$$f(x) = \frac{1}{\sqrt{2\pi}\,\sigma} e^{-\frac{1}{2}\left(\frac{x-\mu}{\sigma}\right)^2}$$

は，ガウス（1777〜1855）が測定誤差を研究している際に考え出された関数なので，**ガウスの誤差関数**と呼ばれています。

　ガウスは 20 歳代前半にはすでに，方程式の基礎定理や小惑星の軌道計算でヨーロッパ中にその名を知られていました。このころ，地球に接近してきた小惑星の観測が行われていましたが，太陽との位置関係により途中で見失われてしまいました。ガウスはたった 3 回の観測だけで小惑星の軌道をすばやく計算する方法を開発し，彼の予測した位置の近くで，その小惑星は再び発見されたそうです。数理物理学者としてばかりでなく，観測家でもあり実験家でもあったガウスは，その後もさまざまな分野で活躍しています。みなさんもあちこちで彼の名を目にすることでしょう。

　ところで，正規分布（またの名を**ガウス分布**）に従う確率変数 X について，確率 $P(a < X \leqq b)$ を求めるには，定積分 $\int_a^b f(x)\,dx$ の値を求めなくてはいけません。しかし，この関数の不定積分を，よく知っている関数（初等関数）で表すことはできないため，定積分の値を普通の積分計算で求めることができないのです。

　ところが意外にも，右の無限積分の値は大学 1 年程度の微分積分を駆使すれば求めることができるのです。この無限積分の値はよく使われるので，覚えておきましょう。しかし残念ながら，一般の定積分の値は

$$\int_0^\infty e^{-x^2}dx = \frac{\sqrt{\pi}}{2}$$

数値計算による近似値に頼るしかありません。こういう理由で，統計の本には必ず正規分布の数表がついているのです。

定理 2.9

正規分布 $N(\mu, \sigma^2)$ に従う確率変数 X について
$$E[X] = \mu, \quad V[X] = \sigma^2$$
である。

【証明】 連続的な確率変数 X の平均 $E[X]$ の定義に $N(\mu, \sigma^2)$ の確率密度関数の式を代入すると

$$E[X] = \int_{-\infty}^{+\infty} x f(x)\, dx = \int_{-\infty}^{+\infty} x \cdot \frac{1}{\sqrt{2\pi}\,\sigma} e^{-\frac{1}{2}\left(\frac{x-\mu}{\sigma}\right)^2} dx$$
$$= \frac{1}{\sqrt{2\pi}\,\sigma} \int_{-\infty}^{+\infty} x e^{-\left(\frac{x-\mu}{\sqrt{2}\,\sigma}\right)^2} dx$$

ここで

$$(*) \quad t = \frac{x-\mu}{\sqrt{2}\,\sigma} \quad \text{とおくと}$$

$$x = \sqrt{2}\,\sigma t + \mu, \quad dx = \sqrt{2}\,\sigma\, dt,$$

x	$-\infty$	$\to$	$+\infty$
t	$-\infty$	$\to$	$+\infty$

より

$$E[X] = \frac{1}{\sqrt{2\pi}\,\sigma} \int_{-\infty}^{+\infty} (\sqrt{2}\,\sigma t + \mu)\, e^{-t^2} \cdot \sqrt{2}\,\sigma\, dt$$
$$= \frac{1}{\sqrt{\pi}} \left\{ \sqrt{2}\,\sigma \int_{-\infty}^{+\infty} t e^{-t^2} dt + \mu \int_{-\infty}^{+\infty} e^{-t^2} dt \right\}$$

{ } の中の第 1 項の被積分関数は t の奇関数なので積分の値は 0。第 2 項は t の偶関数なので p.63 より

$$= \frac{1}{\sqrt{\pi}} \{ \sqrt{2}\,\sigma \cdot 0 + \mu \cdot \sqrt{\pi} \} = \mu$$

また $V[X]$ を求めるために $E[X^2]$ を求めておくと

$$E[X^2] = \int_{-\infty}^{+\infty} x^2 f(x)\, dx = \frac{1}{\sqrt{2\pi}\,\sigma} \int_{-\infty}^{+\infty} x^2 e^{-\left(\frac{x-\mu}{\sqrt{2}\,\sigma}\right)^2} dx$$

$$\left(\begin{array}{l} \int_0^{+\infty} e^{-x^2} dx = \dfrac{\sqrt{\pi}}{2} \\ \int_{-\infty}^{+\infty} e^{-x^2} dx = \sqrt{\pi} \end{array} \right.$$

定理 2.5

$$V[X] = E[X^2] - E[X]^2$$

（＊）と同じ変数変換をすると

$$
= \frac{1}{\sqrt{2\pi}\,\sigma} \int_{-\infty}^{+\infty} (\sqrt{2}\,\sigma t + \mu)^2 e^{-t^2} \cdot \sqrt{2}\,\sigma\, dt
$$

$$
= \frac{1}{\sqrt{\pi}} \int_{-\infty}^{+\infty} (2\sigma^2 t^2 + 2\sqrt{2}\,\sigma\mu t + \mu^2) e^{-t^2} dt
$$

$$
= \frac{1}{\sqrt{\pi}} \left\{ 2\sigma^2 \int_{-\infty}^{+\infty} t^2 e^{-t^2} dt + 2\sqrt{2}\,\sigma\mu \int_{-\infty}^{+\infty} t e^{-t^2} dt + \mu^2 \int_{-\infty}^{+\infty} e^{-t^2} dt \right\}
$$

ここで部分積分を使うと

$$
\int t^2 e^{-t^2} dt = \int t \cdot t e^{-t^2} dt = t \cdot \left(-\frac{1}{2} e^{-t^2}\right) - \int 1 \cdot \left(-\frac{1}{2} e^{-t^2}\right) dt
$$

$$
= -\frac{1}{2} t e^{-t^2} + \frac{1}{2} \int e^{-t^2} dt
$$

これより

$$
E[X^2] = \frac{1}{\sqrt{\pi}} \left\{ 2\sigma^2 \left(\left[-\frac{1}{2} t e^{-t^2}\right]_{-\infty}^{+\infty} + \frac{1}{2} \int_{-\infty}^{+\infty} e^{-t^2} dt \right) \right.
$$

$$
\left. + 2\sqrt{2}\,\sigma\mu \left[-\frac{1}{2} e^{-t^2}\right]_{-\infty}^{\infty} + \mu^2 \cdot \sqrt{\pi} \right\}
$$

$$
= \frac{1}{\sqrt{\pi}} \left\{ -\sigma^2 (0-0) + \sigma^2 \cdot \sqrt{\pi} + 2\sqrt{2}\,\sigma\mu (0-0) + \mu^2 \cdot \sqrt{\pi} \right\}
$$

$$
= \sigma^2 + \mu^2
$$

$$
\therefore \quad V[X] = E[X^2] - E[X]^2
$$

$$
= (\sigma^2 + \mu^2) - \mu^2
$$

$$
= \sigma^2 \qquad\qquad\text{（証明終）}
$$

── 部分積分 ──

$$
\int f \cdot g' \, dx = f \cdot g - \int f' \cdot g \, dx
$$

── 極 限 ──

$$
\left[-\frac{1}{2} t e^{-t^2}\right]_{-\infty}^{+\infty} = \lim_{\substack{a \to -\infty \\ b \to +\infty}} \left[-\frac{1}{2} t e^{-t^2}\right]_a^b
$$

$$
= \lim_{\substack{a \to -\infty \\ b \to +\infty}} \left[-\frac{1}{2}(b e^{-b^2} - a e^{-a^2})\right]
$$

$$
= -\frac{1}{2}(0-0) = 0
$$

p. 53 参照

証明には積分の計算力がかなり必要ね。

例題 24

確率変数 X が $N(0,1)$ に従うとき，巻末 p. 208〜209 にある $N(0,1)$ の数表を用いて次の確率を求めてみよう．

（1） $P(0 \leq X \leq 2)$ （2） $P(1.5 \leq X \leq 3)$

（3） $P(X \leq 2.15)$ （4） $P(X \geq 1.23)$

《説明》 X が $N(0,1)$ に従うとき，

$$P(a \leq X \leq b) = \frac{1}{\sqrt{2\pi}} \int_a^b e^{-\frac{1}{2}x^2} dx$$

なので，確率を求めるときはこの定積分の値を求めなければならない．しかし，この定積分は初等的には求められないので，確率や統計の本には数値計算で求めた数表を巻末に載せてある．本書の数表は $P(0 \leq X \leq a)$ の値が載せてあるが，本によっては $P(X \leq a)$ や $P(X \geq a)$ の場合もあるので注意が必要である． (説明終)

解 （1） 数表よりすぐに

$P(0 \leq X \leq 2) = \boxed{0.4773}$

（2） 確率を表す面積を考えると

$P(1.5 \leq X \leq 3)$

$= P(0 \leq X \leq 3) - P(0 \leq X \leq 1.5)$

$= 0.4987 - 0.4332$

$= \boxed{0.0655}$

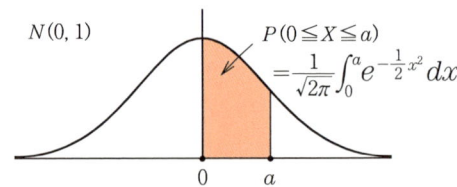

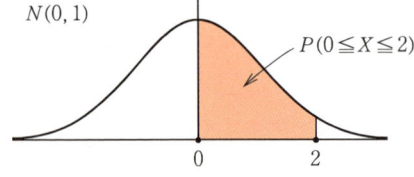

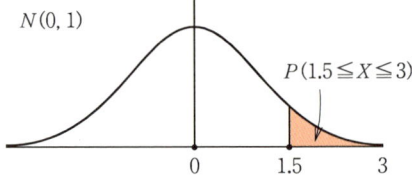

(3) $P(-\infty < X < +\infty) = 1$ （全確率）
$P(X \leq 0) = 0.5$

より

$P(X \leq 2.15)$
$= P(X < 0) + P(0 \leq X \leq 2.15)$
$= 0.5 + 0.4842 = \boxed{0.9842}$

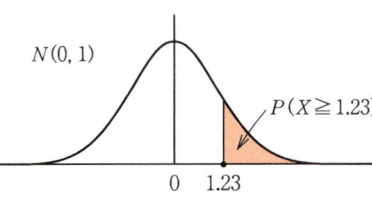

(4) $P(X \geq 0) = 0.5$ より
$P(X \geq 1.23)$
$= 0.5 - P(0 \leq X \leq 1.23)$
$= 0.5 - 0.3907 = \boxed{0.1093}$

（解終）

正規分布 $N(\mu, \sigma^2)$
$$f(x) = \frac{1}{\sqrt{2\pi}\,\sigma} e^{-\frac{1}{2}\left(\frac{x-\mu}{\sigma}\right)^2}$$
平均 μ，分散 σ^2

標準正規分布 $N(0, 1)$
$$f(x) = \frac{1}{\sqrt{2\pi}} e^{-\frac{1}{2}x^2}$$
平均 0，分散 1

練習問題 24 　解答は p. 187

確率変数 X が $N(0, 1)$ に従うとき，次の確率を求めなさい．

(1) $P(0 \leq X \leq 1)$ 　(2) $P(-1 \leq X \leq 0.5)$ 　(3) $P(X > -0.12)$
(4) $P(X \leq -2)$

定理 2.10

確率変数 X が $N(\mu, \sigma^2)$ に従うとき、確率変数 $Y = \dfrac{X-\mu}{\sigma}$ は $N(0,1)$ に従う。

> このような変数変換を **標準化**，**正規化** などといいます。

【証明】 確率変数 Y に対して
$$P(a \leqq Y \leqq b) = \int_a^b g(x)\,dx$$
となる $g(x)$ を調べればよい。
$$P(a \leqq Y \leqq b) = P\left(a \leqq \frac{X-\mu}{\sigma} \leqq b\right)$$
$$= P(a\sigma + \mu \leqq X \leqq b\sigma + \mu)$$

X の確率密度関数は $f(x) = \dfrac{1}{\sqrt{2\pi}\,\sigma} e^{-\frac{1}{2}\left(\frac{x-\mu}{\sigma}\right)^2}$ なので
$$= \int_{a\sigma+\mu}^{b\sigma+\mu} \frac{1}{\sqrt{2\pi}\,\sigma} e^{-\frac{1}{2}\left(\frac{x-\mu}{\sigma}\right)^2} dx$$

ここで $\dfrac{x-\mu}{\sigma} = y$ とおくと
$$\frac{1}{\sigma}dx = dy,$$

x	$a\sigma + \mu$	$\longrightarrow$	$b\sigma + \mu$
y	a	$\longrightarrow$	b

なので
$$= \int_a^b \frac{1}{\sqrt{2\pi}} e^{-\frac{1}{2}y^2} dy$$

ゆえに
$$P(a \leqq Y \leqq b) = \int_a^b \frac{1}{\sqrt{2\pi}} e^{-\frac{1}{2}y^2} dy$$

となったので $Y = \dfrac{X-\mu}{\sigma}$ の確率密度関数は
$$g(y) = \frac{1}{\sqrt{2\pi}} e^{-\frac{1}{2}y^2} \quad \text{つまり} \quad g(x) = \frac{1}{\sqrt{2\pi}} e^{-\frac{1}{2}x^2}$$

である。ゆえに Y は $N(0,1)$ に従う。 (証明終)

《説明》 X が $N(0,1)$ に従うとき，巻末 p. 208〜209 にある $N(0,1)$ の数表より

$$P(-1 \leqq X \leqq 1) = 2P(0 \leqq X \leqq 1) = 2 \times 0.3413 = 0.6826$$
$$P(-2 \leqq X \leqq 2) = 2P(0 \leqq X \leqq 2) = 2 \times 0.4773 = 0.9546$$
$$P(-3 \leqq X \leqq 3) = 2P(0 \leqq X \leqq 3) = 2 \times 0.4987 = 0.9974$$

となる。

次に X が $N(\mu, \sigma^2)$ に従うとき，$Y = \dfrac{X-\mu}{\sigma}$ は $N(0,1)$ に従うので

$$P(-1 \leqq Y \leqq 1) = P\left(-1 \leqq \dfrac{X-\mu}{\sigma} \leqq 1\right) = P(-\sigma \leqq X - \mu \leqq \sigma) = 0.6826$$
$$P(-2 \leqq Y \leqq 2) = P\left(-2 \leqq \dfrac{X-\mu}{\sigma} \leqq 2\right) = P(-2\sigma \leqq X - \mu \leqq 2\sigma) = 0.9546$$
$$P(-3 \leqq Y \leqq 3) = P\left(-3 \leqq \dfrac{X-\mu}{\sigma} \leqq 3\right) = P(-3\sigma \leqq X - \mu \leqq 3\sigma) = 0.9974$$

つまり，正規分布 $N(\mu, \sigma^2)$ に従う確率変数 X は

平均 μ を中心に　1σ の幅に　約 68%

2σ の幅に　約 95%

3σ の幅に　約 99%

分布していることがわかる。 （説明終）

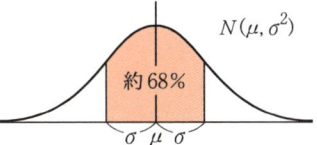

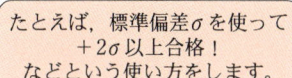

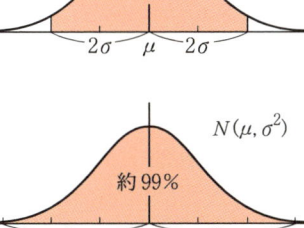

例題 25

X が $N(0.5, 4)$ に従うとき，次の確率を小数第 4 位まで求めてみよう。
　（1）　$P(0 \leqq X \leqq 1)$　　（2）　$P(-1 < X \leqq 0.2)$

解　X が $N(0.5, 2^2)$ に従うとき $Y = \dfrac{X - 0.5}{2}$ は $N(0, 1)$ に従うので，変数を Y に直して $N(0, 1)$ の数表（p.208〜209）を用いる。

（1）　$P(0 \leqq X \leqq 1)$

$= P\left(\dfrac{0 - 0.5}{2} \leqq \dfrac{X - 0.5}{2} \leqq \dfrac{1 - 0.5}{2}\right)$

$= P(-0.25 \leqq Y \leqq 0.25)$

$= 2P(0 \leqq Y \leqq 0.25)$

$= 2 \times 0.0987$

$= \boxed{0.1974}$

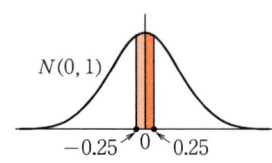

（2）　$P(-1 < X \leqq 0.2)$

$= P\left(\dfrac{-1 - 0.5}{2} < \dfrac{X - 0.5}{2} \leqq \dfrac{0.2 - 0.5}{2}\right)$

$= P(-0.75 < Y \leqq -0.15)$

$= P(0.15 \leqq Y < 0.75)$

$= P(0 \leqq Y \leqq 0.75) - P(0 \leqq X \leqq 0.15)$

$= 0.2734 - 0.0596$

$= \boxed{0.2138}$　　　　　　　　　　（解終）

練習問題 25　　　　　　　　　　　　　　解答は p.187

X が $N(3, 2.5^2)$ に従うとき，次の確率を求めなさい。
　（1）　$P(0 \leqq X \leqq 5)$　　（2）　$P(2 < X)$

例題 26

20歳代の人の最高血圧は，ほぼ $N(120, 400)$ に従っている．今年の健康診断における 23 歳の T 子の最高血圧 X について $P(a \leqq X) = 0.05$ となる a の値を求めてみよう．

解 T 子の最高血圧 X は $N(120, 400) = N(120, 20^2)$ に従うので $Y = \dfrac{X-120}{20}$ は $N(0, 1)$ に従う．

$$P(a \leqq X) = P\left(\dfrac{a-120}{20} \leqq \dfrac{X-120}{20}\right)$$

において $b = \dfrac{a-120}{20}$ とおくと

$$= P(b \leqq Y)$$
$$= 0.5 - P(0 \leqq Y \leqq b) = 0.05$$

となる b，つまり

$$P(0 \leqq Y \leqq b) = 0.5 - 0.05 = 0.45$$

となる b の値を求めればよい．$N(0, 1)$ の数表 (p.208〜209) より 0.45 に値が近い方をとると

$$b = 1.64$$

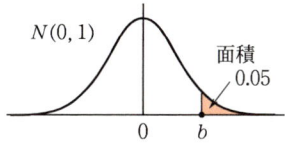

	.04	.05
	⋮	⋮
1.6	… 0.44950	0.45053

∴ $\dfrac{a-120}{20} = 1.64$ より

$$a = 120 + 20 \times 1.64 = \boxed{152.8}$$

（解終）

練習問題 26　　解答は p.188

今年の大学 4 年生の総合成績評価値は，ほぼ $N(65, 12^2)$ に従っていることがわかった．

(1) 50 点以下は退学勧告がなされる．退学勧告者は何％になるか？

(2) 上位 20％ が大学院に推薦入学が許されている．最低何点取れていれば推薦してもらえるか？

4 指数分布

定義

連続的な確率変数 X が確率密度関数
$$f(x) = \lambda e^{-\lambda x} \quad (x \geq 0)$$
をもつとき，X は **指数分布** $Ex(\lambda)$ に従うという。

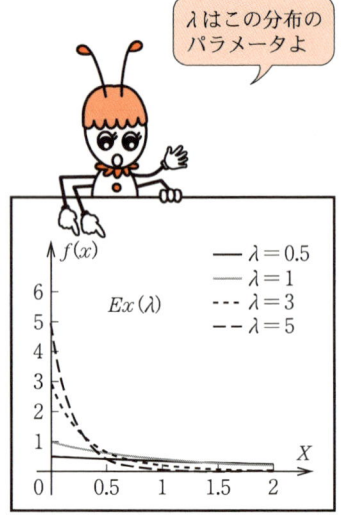

λはこの分布のパラメータよ

《説明》 $f(x)$ のグラフは右図のようになる。この分布は，窓口の待ち時間，製品の寿命，事故の発生間隔などの時間分布に利用される。 (説明終)

定理 2.11

指数分布 $Ex(\lambda)$ に従う確率変数 X について
$$E[X] = \frac{1}{\lambda}, \qquad V[X] = \frac{1}{\lambda^2}$$
である。

【略証明】 部分積分と無限積分より
$$\int_0^{+\infty} x e^{-\lambda x} dx = \frac{1}{\lambda^2}, \quad \int_0^{+\infty} x^2 e^{-\lambda x} dx = \frac{2}{\lambda^3}$$
が示せるので，
$$E[X] = \int_{-\infty}^{+\infty} x f(x) \, dx = \lambda \int_0^{+\infty} x e^{-\lambda x} dx = \lambda \cdot \frac{1}{\lambda^2} = \frac{1}{\lambda}$$
$$V[X] = E[X^2] - E[X]^2$$
$$= \lambda \int_{-\infty}^{+\infty} x^2 f(x) \, dx - \left(\frac{1}{\lambda}\right)^2$$
$$= \lambda \cdot \frac{2}{\lambda^3} - \frac{1}{\lambda^2} = \frac{1}{\lambda^2}$$
(略証明終)

例題 27

H 電器製の洗濯機の寿命 X は平均 10 年の指数分布に従っている。
（1） 寿命 X が従う確率密度関数を求めてみよう。
（2） 5 年以内に洗濯機が壊れる確率を求めてみよう。

解 （1） はじめに指数分布のパラメータ λ を決定する。

$$\text{平均} = \frac{1}{\lambda} = 10 \quad \text{より} \quad \lambda = \frac{1}{10}$$

これより X の確率密度関数は

$$f(x) = \frac{1}{10} e^{-\frac{1}{10}x} \quad (x \geqq 0)$$

である。

（2） $0 \leqq X \leqq 5$ となる確率なので

$$\begin{aligned}
P(0 \leqq X \leqq 5) &= \int_0^5 f(x)\,dx \\
&= \int_0^5 \frac{1}{10} e^{-\frac{1}{10}x} dx = \frac{1}{10}\left[-10 e^{-\frac{1}{10}x}\right]_0^5 \\
&= -e^{-\frac{1}{10}\cdot 5} + e^{-\frac{1}{10}\cdot 0} = -e^{-\frac{1}{2}} + 1 \\
&= 1 - \frac{1}{\sqrt{e}} \fallingdotseq 0.3935
\end{aligned}$$

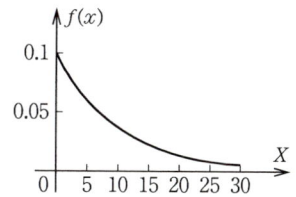

$$\int e^{ax} dx = \frac{1}{a} e^{ax} + C \quad (a \neq 0)$$

したがって，約 0.39 。 (解終)

練習問題 27 解答は p.188

M 銀行本店の窓口の待ち時間 X は，平均 20 分の指数分布に従っている。
（1） 待ち時間 X が従う確率密度関数を求めなさい。
（2） 待ち時間が 5 分以内である確率を求めなさい。
（3） 待ち時間が 30 分以上になる確率を求めなさい。

5 一様分布

> **定義**
>
> 離散的な確率変数 X が確率関数
> $$f(x) = \begin{cases} \dfrac{1}{n} & (x = x_1, x_2, \cdots, x_n) \\ 0 & (\text{他}) \end{cases}$$
> に従うとき，X は **離散一様分布** に従うという。

《説明》 確率関数 $f(x)$ の値が常に一定の値をもつ分布である。

たとえば

　　試行：サイコロを振る

　　確率変数 $X =$ 出た目の数

とすると，X は一様分布

$$f(x) = \begin{cases} \dfrac{1}{6} & (x = 1, 2, 3, 4, 5, 6) \\ 0 & (\text{他}) \end{cases}$$

に従う。　　　　　　　　　　　　(説明終)

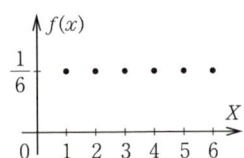

> **定義**
>
> 連続的な確率変数 X が確率密度関数
> $$f(x) = \begin{cases} \dfrac{1}{b-a} & (a \leqq x \leqq b) \\ 0 & (\text{他}) \end{cases}$$
> に従うとき，**連続一様分布** $U(a, b)$ に従うという。

《説明》 $f(x)$ の値が右図のように，ある区間で一様になっている分布である。　　　　(説明終)

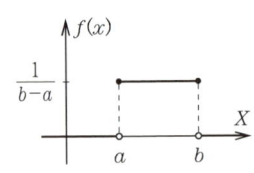

乱数はいったいどうやって作るの？

　右下のグラフは，最近の株価の変化を表したものです。といっても，誰も疑わないことでしょう。このグラフは，実は乱数を使って作ったグラフなのです。一つの点から次の点への変化に乱数を利用しています。

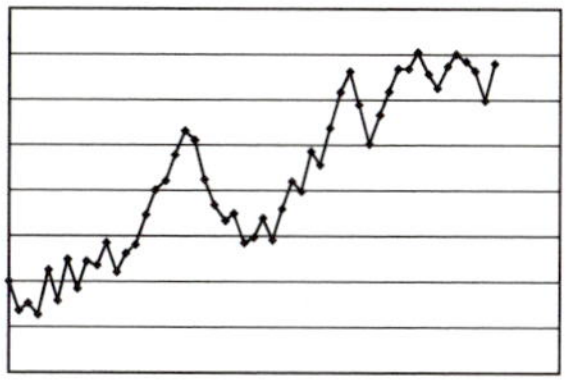

　乱数は確率，統計やシミュレーションでは，必需品となっています。

　それでは乱数とはどんな数でしょう。

ずばり，「**乱数**とは出現する値に規則性の全くない数列」です。

　「何だ，簡単じゃない。」と思うと大間違い。完全な乱数を発生させることは不可能に近いのです。そこで，いかに乱数に近い数列を作るかが問題となり，**擬似乱数**を発生させるいろいろな数式が考え出されています。その1つに線形合同法というのがあります。これは a, c, m を定数として，漸化式

$$x_k = ax_{k-1} + c \pmod{m}$$

により，次々と数を発生させる方法です。（mod. m とは m で割ったときの余りを意味します。）一般的には $m = 2^n$，$a \equiv 5 \pmod{8}$，$c \equiv 1 \pmod{2}$ と設定され，順次計算していくと，$0 \sim m-1$ の数字が周期 m で一回ずつ現れます。周期が短いと擬似乱数の意味はなくなってしまうので，必要に応じて n をなるべく大きく取ることになります。

　このように発生させる擬似乱数は，短時間でたくさんの数を発生させることができる反面，同じ初期値からは同じ数列しか発生せず，また，生成される数列は必ず周期をもってしまいます。

　そこでこの欠点をカバーするために，最近は放射線の崩壊や電気回路の熱雑音など，確率的な物理現象を利用した物理乱数も利用されています。

6 t 分布

定義

連続的な確率変数 X が確率密度関数

$$f(x) = \frac{\Gamma\left(\dfrac{n+1}{2}\right)}{\sqrt{n\pi}\,\Gamma\left(\dfrac{n}{2}\right)}\left(1+\frac{x^2}{n}\right)^{-\frac{n+1}{2}} \quad (n=1,2,3,\cdots)$$

をもつとき,X は自由度 n の **t 分布** に従うという.

《説明》 $f(x)$ の式の中の $\Gamma\left(\dfrac{n+1}{2}\right)$,$\Gamma\left(\dfrac{n}{2}\right)$ はガンマ関数と呼ばれる無限積分で定義された関数 $\Gamma(p)$ の $p=\dfrac{n+1}{2}$ と $p=\dfrac{n}{2}$ における値である (p.92 参照).

Γ 関数

$$\Gamma(p) = \int_0^\infty x^{p-1} e^{-x} dx \quad (p>0)$$

$$k_n = \frac{\Gamma\left(\dfrac{n+1}{2}\right)}{\sqrt{n\pi}\,\Gamma\left(\dfrac{n}{2}\right)}$$

とおけば,定数 k_n を用いて $f(x)$ は

$$f(x) = k_n\left(1+\frac{x^2}{n}\right)^{-\frac{n+1}{2}}$$

と表される.

この関数は統計における区間推定や検定に使われ,パラメータ n はデータの数に対応している.あまり式にとらわれず,$f(x)$ のグラフの形(右頁図)を覚えておこう.

$n \to +\infty$ のとき $f(x)$ は標準正規分布 $N(0,1)$ の確率密度関数

$$f(x) = \frac{1}{\sqrt{2\pi}} e^{-\frac{x^2}{2}}$$

に近づくことがわかっており,$n>30$ なら t 分布は標準正規分布 $N(0,1)$ で近似することが多い. (説明終)

―― 定理 2.12 ―――――――――――――――――――――――
確率変数 X が自由度 n の t 分布に従うとき，
$$E[X] = 0 \quad (n \geq 2), \qquad V[X] = \frac{n}{n-2} \quad (n \geq 3)$$
である。
――――――――――――――――――――――――――――――

《説明》 平均 $E[X]$，分散 $V[X]$ の定義に代入して求めるが，本書では省略する。$n=1$ のときの $E[X]$，$n=1,2$ のときの $V[X]$ は無限積分が収束しないので，存在しない。

分散の式の分母，分子を n で割り，$n \to +\infty$ とすると
$$V[X] = \frac{n}{n-2} = \frac{1}{1-\dfrac{2}{n}} \longrightarrow 1 \quad (n \to +\infty)$$
となるので，n を大きくすると，分散は 1 に近づいていくことがわかる。

(説明終)

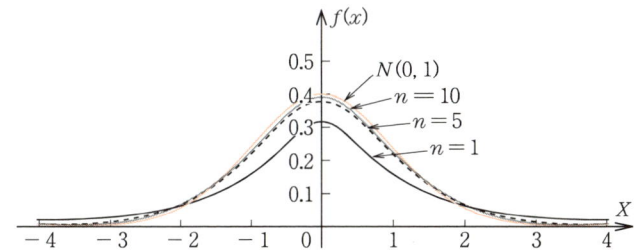

$N(0,1)$ のグラフの方が t 分布のグラフより
まん中が高く
すそ野が 0 に近い
という特徴をもっています。

7 カイ2乗分布

定義

連続的な確率変数 X が確率密度関数

$$f(x) = \frac{1}{2^{\frac{n}{2}} \Gamma\left(\frac{n}{2}\right)} x^{\frac{n}{2}-1} e^{-\frac{x}{2}} \quad (x > 0\,;\, n = 1, 2, 3, \cdots)$$

をもつとき，X は自由度 n の **χ^2 分布** に従うという。

《説明》 χ^2 は"カイジジョウ"と読む。$x \leqq 0$ のときは $f(x) = 0$ と定義する。この分布も統計における推定や検定において使われる分布で，n はデータの数に関係したパラメータである。$f(x)$ のグラフは下記のようになっていて，n が小さいほど左側に片寄った分布となっている。$n=1$，$n=2$ のときはグラフの形が他と異なっているので注意。 (説明終)

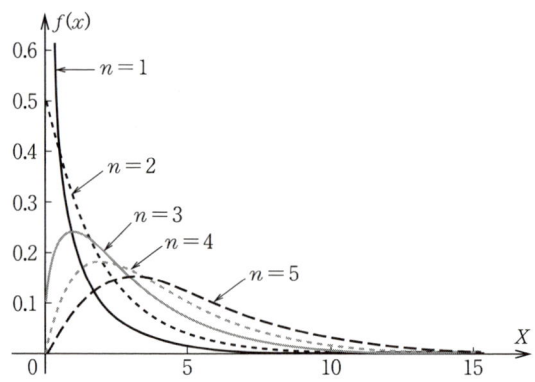

定理 2.13

確率変数 X が自由度 n の χ^2 分布に従うとき，
$$E[X] = n, \quad V[X] = 2n$$
である。

《説明》 n が大きくなれば平均，分散ともに大きくなり，確率密度関数 $f(x)$ のグラフの山が平たくなっていくことを示している。

証明は省略する。 (説明終)

定理 2.14

確率変数 X が $N(0,1)$ に従うとき，確率変数 X^2 は自由度 1 の χ^2 分布に従う。

【略証明】 $0 < a < b$ とするとき，
$$P(a < X^2 \leq b) = P(-\sqrt{b} < X \leq -\sqrt{a}) + P(\sqrt{a} < X \leq \sqrt{b})$$
$$= \int_{-\sqrt{b}}^{-\sqrt{a}} \frac{1}{\sqrt{2\pi}} e^{-\frac{x^2}{2}} dx + \int_{\sqrt{a}}^{\sqrt{b}} \frac{1}{\sqrt{2\pi}} e^{-\frac{x^2}{2}} dx$$

被積分関数は偶関数なので第 1 項，第 2 項とも同じ値となり，$x^2 = y$ と変数変換すると

$$= \frac{1}{\sqrt{2\pi}} \int_a^b \frac{1}{\sqrt{y}} e^{-\frac{y}{2}} dy$$
$$= \int_a^b \frac{1}{2^{\frac{1}{2}} \Gamma\left(\frac{1}{2}\right)} y^{\frac{1}{2}-1} e^{-\frac{y}{2}} dy$$

この被積分関数は自由度 1 の χ^2 分布の確率密度関数である。

これより X^2 は自由度 1 の χ^2 分布に従うことが示せる。 (略証明終)

この性質が，χ^2 分布の考え出された理由なのよ。

$$\boxed{\Gamma\left(\frac{1}{2}\right) = \sqrt{\pi}}$$

8 F分布

定義

連続的な確率変数 X が,確率密度関数

$$f(x) = \frac{\Gamma\left(\frac{m+n}{2}\right)}{\Gamma\left(\frac{m}{2}\right)\Gamma\left(\frac{n}{2}\right)} \left(\frac{m}{n}\right)^{\frac{m}{2}} x^{\frac{m}{2}-1} \left(1+\frac{m}{n}x\right)^{-\frac{m+n}{2}}$$

$$(x>0\;;\;m, n = 1, 2, 3, \cdots)$$

をもつとき,X は自由度 (m, n) の **F 分布** $F(m, n)$ に従うという。

《説明》 $x \leq 0$ のときは $f(x) = 0$ と定義する。上記の式の中の定数部分を

$$k_{m,n} = \frac{\Gamma\left(\frac{m+n}{2}\right)}{\Gamma\left(\frac{m}{2}\right)\Gamma\left(\frac{n}{2}\right)} \left(\frac{m}{n}\right)^{\frac{m}{2}}$$

とおけば,$f(x)$ は定数 $k_{m,n}$ を用いて

$$f(x) = k_{m,n} x^{\frac{m}{2}-1} \left(1+\frac{m}{n}x\right)^{-\frac{n+m}{2}}$$

と表せる。

この関数は m 個と n 個からなる 2 組のデータの分散を検定するときなどに使われる。式の複雑さにとらわれず,左の方に片寄った関数のグラフの形をよく覚えておこう。 (説明終)

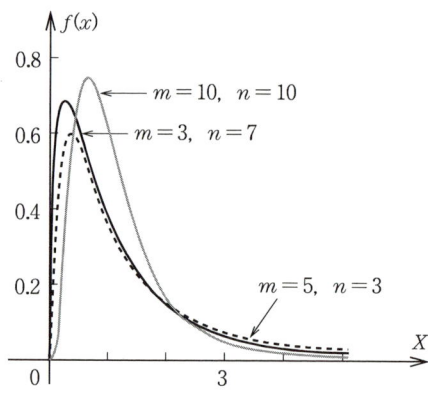

定理 2.15

確率変数 X が自由度 (m, n) の F 分布 $F(m, n)$ に従うとき

$$E[X] = \frac{n}{n-2} \quad (n \geq 3),$$
$$V[X] = \frac{2n^2(m+n-2)}{m(n-2)^2(n-4)} \quad (n \geq 5)$$

が成立する。

《説明》 証明は本書では省略するが，$n = 1, 2$ のときの $E[X]$，$n = 1, 2, 3, 4$ のときの $V[X]$ は無限積分が収束しないので，存在しない。平均の値は m に関係しないことに注意。 (説明終)

定理 2.16

$F(m, n)$ の確率密度関数を $f_{m,n}(x)$ とおくとき，正の定数 a について次式が成立する。

$$\int_a^{+\infty} f_{m,n}(x)\,dx = \int_0^{\frac{1}{a}} f_{n,m}(x)\,dx$$

定理 2.17

確率変数 X が $F(m, n)$ に従うとき，確率変数 $\dfrac{1}{X}$ は $F(n, m)$ に従う。

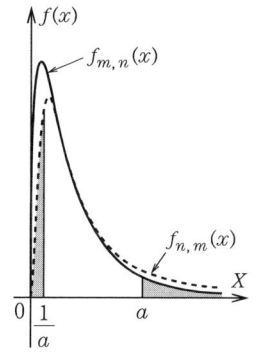

《説明》 定理 2.16 は $\dfrac{1}{x} = y$ という変数変換を行うことにより導かれる。さらに定理 2.16 を使うと定理 2.17 が示される。これらの性質は，F 分布を使った検定の際，使われる。 (説明終)

§3 多変量の確率分布

1 同時確率分布

次は 2 つの離散的な確率変数 X, Y について考えよう。

定義

離散的な確率変数 X, Y について,
$$h(x_i, y_j) = P(X = x_i, Y = y_j) \quad (i = 1, \cdots, n\,;\, j = 1, \cdots, m)$$
により定まる関数 $h(x, y)$ を確率変数 X, Y の **同時確率分布** という。

《説明》 たとえば

$$\text{試行:コインを 2 回投げる}$$

において,2 つの確率変数 X, Y の値を

$$X = \begin{cases} 1 & (1\text{回目が表}) \\ 0 & (1\text{回目が裏}) \end{cases} \quad Y = \begin{cases} 1 & (2\text{回目が表}) \\ 0 & (2\text{回目が裏}) \end{cases}$$

とすると

$$h(i, j) = P(X = i, Y = j)$$

より X, Y の同時確率分布 $h(x, y)$ の値は右表の通りとなる。これは 2 変数関数なので,グラフは右下のような 3 次元空間の点,点,…,または棒グラフ状となる。

(x, y)	$h(x, y)$
$(0, 0)$	$1/4$
$(1, 0)$	$1/4$
$(0, 1)$	$1/4$
$(1, 1)$	$1/4$

一般に,k 個の離散的な確率変数

$$X_1,\ X_2,\ \cdots,\ X_k$$

に対しても同様に,同時確率分布

$$h(x_1, x_2, \cdots, x_k)$$

を定義することができる。また変数の値も連続的ではない無限個の値をとってもよい。 (説明終)

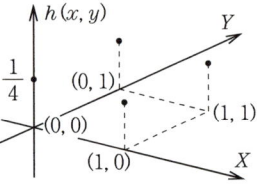

定理 2.18

離散的な確率変数 X, Y の同時確率分布 $h(x, y)$ について

（1） $\sum_{i=1}^{n} \sum_{j=1}^{m} h(x_i, y_j) = 1$

（2） $\sum_{j=1}^{m} h(x, y_j) = f(x)$ 　（X の確率分布）

（3） $\sum_{i=1}^{n} h(x_i, y) = g(y)$ 　（Y の確率分布）

が成立する。

> (2)は X の周辺分布
> (3)は Y の周辺分布
> と呼ばれます。

【証明】（1） 左辺は全確率の和となるので 1 である。

（2） $\sum_{j=1}^{m} h(x, y_j) = \sum_{j=1}^{m} P(X = x, Y = y_j)$

$\qquad = P(X = x, Y = y_1) + P(X = x, Y = y_2)$

$\qquad + \cdots + P(X = x, Y = y_j)$

変数 Y はすべての値をとっているので

$\qquad = P(X = x) = f(x)$ 　（X の確率分布）

（3） (2)と同様に示される。　　　　　　　　　　　　　　　（証明終）

《説明》 (2) は X だけの確率分布を考えているので，X の**周辺分布**といい，(3) は Y だけの確率分布を考えているので，Y の**周辺分布**という。

たとえば

$$\text{試行：コインを 2 回投げる}$$

において，確率変数 X, Y を

$$X = \begin{cases} 1 & （1\text{回目が表}）\\ 0 & （1\text{回目が裏}）\end{cases} \qquad Y = \begin{cases} 1 & （2\text{回目が表}）\\ 0 & （2\text{回目が裏}）\end{cases}$$

とすると X の周辺分布 $f(x)$ については

$$f(0) = \sum_{y} h(0, y) = h(0, 0) + h(0, 1) = 1/4 + 1/4 = 1/2$$

$$f(1) = \sum_{y} h(1, y) = h(1, 0) + h(1, 1) = 1/4 + 1/4 = 1/2$$

となり，これは X の確率分布 $f(x) = P(X = x)$ に他ならない。　　（説明終）

> **定義**
> D を xy 平面上の領域とする。連続的な 2 つの確率変数 X, Y について
> $$P((X, Y) \in D) = \iint_D h(x, y) \, dxdy$$
> が成立するとき，$h(x, y)$ を X, Y の**同時確率密度関数**という。

《説明》 確率変数が X 1 つだけのとき，
$$P(a < X \leq b) = \int_a^b f(x) \, dx$$
で X の確率密度関数を定義した。これは面積で確率を定義してある。

2 つの確率変数 X, Y を同時に考えるとき，確率を体積で定義する。つまり 2 変数関数 $z = h(x, y)$ を考え，領域 D と曲面 $h(x, y)$ ではさまれた体積で $P((X, Y) \in D)$ を定義する。同時確率密度関数の中で特に重要なのは 2 次元正規分布である。（下図参照）。　　　　　　　　　　　　　（説明終）

$P((X, Y) \in D)$ とは領域 D に点 (X, Y) が属している確率のことよ。

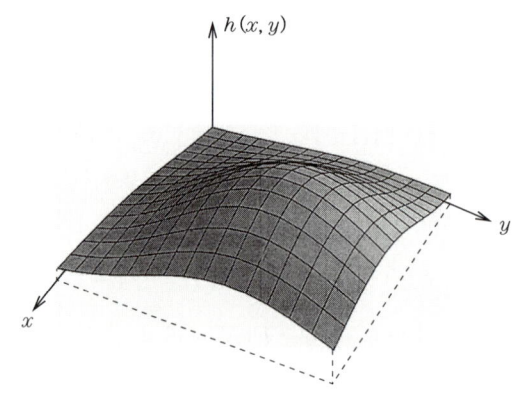

定理 2.19

$h(x, y)$ を連続的な確率変数 X, Y の同時確率密度関数とするとき，
$$f(x) = \int_{-\infty}^{+\infty} h(x, y)\, dy, \quad g(y) = \int_{-\infty}^{+\infty} h(x, y)\, dx$$
はそれぞれ X と Y の確率密度関数である．また
$$\int_{-\infty}^{+\infty} \int_{-\infty}^{+\infty} h(x, y)\, dx dy = 1$$
が成立する．

連続的な場合も $f(x)$ を X の周辺分布，$g(y)$ を Y の周辺分布といいます．

【証明】 $a < b$ である任意の a, b に対して
$$P(a < X \leqq b) = \int_a^b f(x)\, dx$$
となる $f(x)$ が X の確率密度関数である．

xy 平面上の領域
$$D = \{(x, y) \mid a < x \leqq b,\ -\infty < y < +\infty\}$$
を考えると
$$P((X, Y) \in D) = \iint_D h(x, y)\, dxdy$$
$$= \int_a^b \left\{ \int_{-\infty}^{+\infty} h(x, y)\, dy \right\} dx$$
と書けるので，
$$f(x) = \int_{-\infty}^{+\infty} h(x, y)\, dy$$
は X の確率密度関数である．Y の場合も同様に示される．

また，
$$\int_{-\infty}^{+\infty} \int_{-\infty}^{+\infty} h(x, y)\, dxdy = \int_{-\infty}^{+\infty} \left\{ \int_{-\infty}^{+\infty} h(x, y)\, dy \right\} dx$$
$$= \int_{-\infty}^{+\infty} f(x)\, dx = 1$$

(証明終)

第 2 章 確率分布

定義

2つの確率変数 X, Y について $E[X] = \mu_x$, $E[Y] = \mu_y$ とするとき
$$C[X, Y] = E[(X - \mu_x)(Y - \mu_y)]$$
を X と Y の**共分散**という。

《説明》 2つの変数 X, Y を同時に考えたときの変数 (X, Y) の散らばり具合を表した量である。
$$C[X, X] = E[(X - \mu_x)(X - \mu_x)] = E[(X - \mu_x)^2]$$
なので，ある変数の自分自身との共分散はその変数の分散に他ならない。

(説明終)

定理 2.20

2つの確率変数 X, Y について，次式が成立する。
(1) $E[aX + bY] = aE[X] + bE[Y]$
(2) $V[aX + bY] = a^2 V[X] + 2ab\, C[X, Y] + b^2 V[Y]$
(3) $C[X, Y] = E[XY] - E[X]E[Y]$

《説明》 いずれも X, Y がともに離散的な場合と連続的な場合に分けて定義式より求めることができる。(1) の性質より，平均には線形性はあるが，(2) より，分散には線形性はないので注意。 (説明終)

定義

X と Y の同時確率密度関数を $h(x, y)$, X と Y の確率密度関数をそれぞれ $f(x)$, $g(y)$ とする。
$$h(x, y) = f(x)g(y)$$
が成立するとき，X と Y は**独立**であるという。

《説明》 事象の独立と同じ考え方である。つまり，変数 X と Y が独立であるとは，お互いに影響をおよぼさないということ。 (説明終)

定理 2.21

X と Y が独立な確率変数のとき，次式が成立する。
（1） $E[XY] = E[X]E[Y]$
（2） $C[X, Y] = 0$
（3） $V[aX + bY] = a^2 V[X] + b^2 V[Y]$

【略証明】 $h(x, y)$ を X と Y の同時確率密度関数，$f(x), g(y)$ をそれぞれ X と Y の確率密度関数とすると，X と Y は独立なので

$$h(x, y) = f(x) g(y)$$

が成立する。

（1） X, Y がともに離散的なとき

$$E[XY] = \sum_{i,j} x_i y_j h(x_i, y_j) = \sum_{i,j} x_i y_j f(x_i) g(y_j)$$
$$= \left\{\sum_{i=1}^n x_i f(x_i)\right\} \left\{\sum_{j=1}^m y_j g(y_j)\right\} = E[X]E[Y]$$

X, Y がともに連続的なとき

$$E[XY] = \int_{-\infty}^{+\infty} \int_{-\infty}^{+\infty} xy\, h(x, y)\, dxdy = \int_{-\infty}^{+\infty} \int_{-\infty}^{+\infty} xy\, f(x)\, g(y)\, dxdy$$
$$= \left\{\int_{-\infty}^{+\infty} x f(x)\, dx\right\} \left\{\int_{-\infty}^{+\infty} y g(y)\, dy\right\} = E[X]E[Y]$$

（2） $C[X, Y] = E[XY] - E[X]E[Y]$
$\qquad\qquad = E[X]E[Y] - E[X]E[Y] = 0$

（3） $V[aX + bY] = a^2 V[X] + 2ab\, C[X, Y] + b^2 V[Y]$
$\qquad\qquad\quad\; = a^2 V[X] + b^2 V[Y]$ 　　　　　　　　　　（略証明終）

$C[X, Y]$：共分散
└ Covariance

> X と Y が独立でないと成立しない性質なので気をつけてね。

2 2次元正規分布

代表的な X と Y の同時確率密度関数は，2次元正規分布である。

定義

連続的な確率変数 X, Y の同時確率密度関数が次式で与えられるとき，(X, Y) は **2次元正規分布** $N(\mu_1, \mu_2, \sigma_1^2, \sigma_2^2, \rho)$ に従うという。

$$h(x, y) = \frac{1}{2\pi\sigma_1\sigma_2} \frac{1}{\sqrt{1-\rho^2}} e^{-\frac{1}{2}q(x,y)}$$

$$q(x, y) = \frac{1}{1-\rho^2}\left\{\left(\frac{x-\mu_1}{\sigma_1}\right)^2 - 2\rho \cdot \frac{x-\mu_1}{\sigma_1} \cdot \frac{y-\mu_2}{\sigma_2} + \left(\frac{y-\mu_2}{\sigma_2}\right)^2\right\}$$

$$(\sigma_1 > 0,\ \sigma_2 > 0,\ |\rho| < 1)$$

《説明》 X と Y の周辺分布を調べてみると

X の周辺分布　$f(x) = \int_{-\infty}^{+\infty} h(x, y)\,dy = \frac{1}{\sqrt{2\pi}\,\sigma_1} e^{-\frac{1}{2}\left(\frac{x-\mu_1}{\sigma_1}\right)^2}$

Y の周辺分布　$g(y) = \int_{-\infty}^{+\infty} h(x, y)\,dx = \frac{1}{\sqrt{2\pi}\,\sigma_2} e^{-\frac{1}{2}\left(\frac{x-\mu_2}{\sigma_2}\right)^2}$

となる。つまり，

X の確率分布は　正規分布 $N(\mu_1, \sigma_1^2)$

Y の確率分布は　正規分布 $N(\mu_2, \sigma_2^2)$

である。また，パラメータ ρ は第3章§4で勉強する X と Y の相関係数というもので，2つの変数 X と Y のかかわり具合を表す1つの指標である。

$\rho = 0$ のときは X と Y は独立であることも示される。

たとえば X を身長，Y を体重とすると，X と Y それぞれは正規分布に従っていて，(X, Y) は2次元正規分布に従っている。また，この場合 X と Y は関係があるので独立ではなく，$\rho \neq 0$ である。　　　　　　　　　　（説明終）

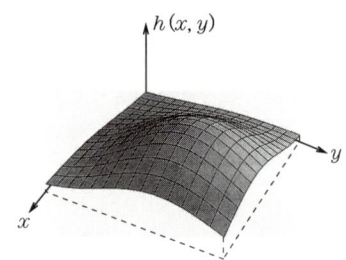

3 中心極限定理

定理 2.22

互いに独立な n 個の確率変数 $X_1, X_2, \cdots, X_n$ が平均 μ，分散 σ^2 をもつ同一な確率分布に従っているとき，確率変数

$$\overline{X} = \frac{1}{n}(X_1 + X_2 + \cdots + X_n)$$

について

$$E[\overline{X}] = \mu, \qquad V[\overline{X}] = \frac{\sigma^2}{n}$$

が成立する。

《説明》 $X_1, X_2, \cdots, X_n$ がすべて同じ平均 μ，分散 σ^2 をもつ確率分布に従うとき，これらの平均 $\overline{X}$ の値は μ を中心に分布するが，値のばらつきはもとの σ^2 よりもはるかに小さい $\frac{\sigma^2}{n}$ となることを意味している　　　　　　（説明終）

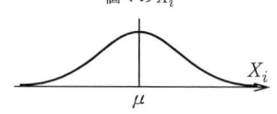

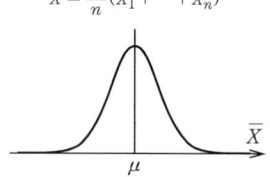

【証明】 $X_1, X_2, \cdots, X_n$ は互いに独立なので，定理 2.21 (p.87) より

$$E[\overline{X}] = E\left[\frac{1}{n}X_1 + \cdots + \frac{1}{n}X_n\right]$$

$$= \frac{1}{n}E[X_1] + \cdots + \frac{1}{n}E[X_n] = \frac{1}{n}\mu \times n = \mu$$

$$V[\overline{X}] = V\left[\frac{1}{n}X_1 + \frac{1}{n}X_2 + \cdots + \frac{1}{n}X_n\right]$$

$$= \frac{1}{n^2}V[X_1] + \cdots + \frac{1}{n^2}V[X_n] = \frac{1}{n^2}\sigma^2 \times n = \frac{\sigma^2}{n}$$

（証明終）

定理 2.21

X, Y：独立なとき
$E[XY] = E[X]E[Y]$
$V[aX + bY] = a^2 V[X] + b^2 V[Y]$

定理 2.23 [中心極限定理]

互いに独立な n 個の確率変数 $X_1, X_2, \cdots, X_n$ が，平均 μ，分散 σ^2 をもつ同一の確率分布に従っているとする。このとき，確率変数

$$Y = \frac{\overline{X} - \mu}{\sqrt{\dfrac{\sigma^2}{n}}} \quad \left(\text{ただし，} \overline{X} = \frac{1}{n}(X_1 + \cdots + X_n)\right)$$

は $n \to +\infty$ のとき標準正規分布 $N(0,1)$ に従う。

《説明》 $\overline{X}$ については定理 2.22（p.89）より

$$E[\overline{X}] = \mu, \quad V[\overline{X}] = \frac{\sigma^2}{n}$$

が成立しているので，定理の Y の分母にある $\sqrt{\dfrac{\sigma^2}{n}}$ は $\overline{X}$ の標準偏差である。つまり，変数 Y は変数 $\overline{X}$ を標準化したものである。

はじめの変数 $X_1, X_2, \cdots, X_n$ がどんな分布に従っていてもよいことに注意しよう。この定理は，n を十分大きくとれば，$\overline{X}$ はほぼ $N\left(\mu, \dfrac{\sigma^2}{n}\right)$ に従い，

$$Y = \frac{\overline{X} - \mu}{\sqrt{\dfrac{\sigma^2}{n}}}$$

はほぼ $N(0,1)$ に従うことを示している。

n はデータの個数に対応するもので，実際には $n > 30$ 程度で Y の分布は $N(0,1)$ で近似される。

証明は省略する。 (説明終)

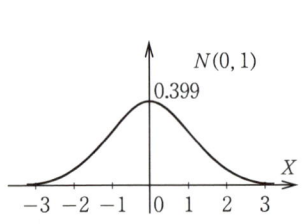

$X_1, \cdots, X_n$ がすべて同じ分布に従っていれば，どんな分布でもよいのね。

総合練習2

1. 1枚のコインを表が出るまで何回も投げる試行を考える。この試行の結果，はじめて表が出た回数を確率変数 X とするとき，次の問に答えなさい。

(1) $P(X=1)$, $P(X=2)$, $P(X=3)$ の値を求めなさい。

(2) $P(X=k)$ $(k=1,2,3,\cdots)$ を求めなさい。

(3) $\sum_{k=1}^{\infty} P(X=k) = 1$ を示しなさい。

2. 1 kg 入りの砂糖を生産しているある工場の製品は，平均 1 kg，標準偏差 30 g の正規分布に従っている。この工場より 1000 袋を仕入れた。この中に 950 g 以下の袋は何袋あると考えられるか。

3. ある病院の会計窓口では，t 分間の間に会計に来る客の人数 X_t はポアソン分布

$$P(X_t = x) = e^{-2t} \frac{(2t)^x}{x!} \quad (x=0,1,2,3,\cdots)$$

に従っている。このとき，次の問に答えなさい。

(1) 1分間にまったく客が来ない確率を求めなさい。

(2) 客が来る間隔が1分より大きい確率を求めなさい。

(3) 客が来る間隔 T 分が t 分より大きい確率を求めなさい。

(4) $P(a < T \leq b)$ を求めなさい。

(5) T の確率密度関数 $f(x)$ を求め，T が指数分布に従うことを示しなさい。

カイトウハ
P.189

ガンマ関数

t 分布，χ^2 分布，F 分布の確率密度関数には，無限積分で定義されたガンマ関数

$$\Gamma(x) = \int_0^{+\infty} u^{x-1} e^{-u} du \quad (x > 0)$$

がくっついています。この関数は

　　　　　自然数の階乗　$n!$

を実数にまで拡張した関数で，右のようなグラフをもっています。確率分布では特に $\Gamma\left(\dfrac{n}{2}\right)$（$n$ は自然数）の値が必要です。

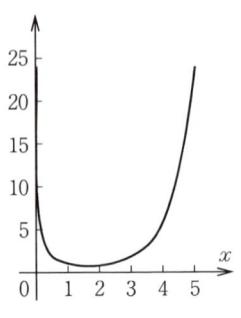

正の数 x について，ガンマ関数の値は普通の積分計算では求まりません。しかし，

$$\Gamma(x) = (x-1)\Gamma(x-1) \quad (x > 1)$$

という性質が成り立ち，また $\Gamma\left(\dfrac{1}{2}\right)$ については，$u = t^2$ という変数変換を行うことにより，ガウスの誤差関数を用いて

$$\Gamma\left(\dfrac{1}{2}\right) = \int_0^{+\infty} u^{-\frac{1}{2}} e^{-u} du = 2\int_0^{+\infty} e^{-t^2} dt = \sqrt{\pi}$$

と値が求まるので，自然数と分母が 2 である分数については次のように値が求まります。

$$\Gamma(1) = 1, \qquad \Gamma(n) = (n-1)!$$

$$\Gamma\left(\dfrac{1}{2}\right) = \sqrt{\pi}, \qquad \Gamma\left(n + \dfrac{1}{2}\right) = \dfrac{(2n)!}{n! 2^{2n}} \sqrt{\pi}$$

他の x については数値計算による近似値を使わざるを得ないのです。

ガウスの誤差関数については p.63 を見てね。

第3章
記述統計

§1 データと基本統計量

　ある集団の特性を明らかにし，問題がある場合には改善策を講じたい場合，対象とする特性を数値化し，数学的処理を行って現状を把握し，問題の解決策を見つける数理科学的手法の1つが，いわゆる **統計** と呼ばれる手法である。この章では，比較的簡単なデータのまとめ方を勉強しよう。

　特性を知りたい対象全体を **母集団**（ぼしゅうだん）という。実験，観測，調査などにより，母集団に関するデータを集めるが，

　　　母集団全体を調査する場合　　　　　………… **全数調査**
　　　母集団から一部を取り出して調査する場合 …… **標本調査**

という。
　たとえば，
　　　A大学学生4500人の1週間に行うアルバイトの時間を調査したい
とき，
　　　全員にアンケート調査を行う　　　　　　………… 全数調査
　　　無作為に100人選んでアンケート調査を行う…… 標本調査

となる。また，このときの母集団は全学生の1週間に行ったアルバイトの時間からなる数字全体である。
　国勢調査は全数調査の代表的な例である。TVの視聴率調査は標本調査である。

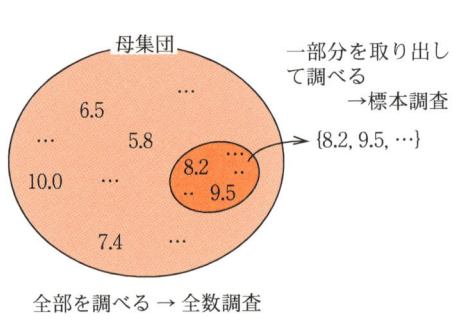

全数調査または標本調査で n 個の数値データが集まったとしよう。そのデータの基本的な特性を表すのが次の**基本統計量**である。

定義

（1） n 個からなるデータの中心的な位置を表す値

　　（a） **平均（値）** 　$\bar{x} = \dfrac{1}{n}\sum_{i=1}^{n} x_i$

　　（b） **中央値（メディアン）** 　$\tilde{x}$

　　　　データを大きさの順に並べたとき
$$\tilde{x} = \begin{cases} 中央の値 & (n：奇数) \\ 中央2つの値の平均値 & (n：偶数) \end{cases}$$

　　（c） **最頻値（モード）** 　$\bar{x}_0 =$ 回数が最も多く現れるデータの値

（2） n 個からなるデータの値の散らばり具合を表す量

　　（a） **分散** 　$\sigma^2 = \dfrac{1}{n}\sum_{i=1}^{n}(x_i - \bar{x})^2$

　　（b） **標準偏差** 　$\sigma = \sqrt{\sigma^2}$

データ
x_1
x_2
$\vdots$
x_n

《説明》 平均（値）はデータの数値の平均的な値を表すが，1つでも他とかけ離れた値があると，その影響を強く受けてしまう性質がある。

最頻値は最も多く現われる数値のことであるが，最も多い数値がいくつかある場合には，それらすべてが最頻値となる。すべての値が異なる場合にはすべてが最頻値である。

いずれにしても，データの中心的な位置を表す数値としてどれがふさわしいかは，解析者が決定することである。

分散と標準偏差はデータの平均からの離れ具合を表した数値である。標準偏差の方が，もとのデータと単位が同じなので，散らばり具合を把握しやすいが，数式としては，分散の方が扱いやすい。　　　　　　　　　　　　　　（説明終）

定理 3.1

分散 σ^2 について，次の式が成立する。
$$\sigma^2 = \frac{1}{n}\sum_{i=1}^{n} x_i^2 - \bar{x}^2$$

$$\bar{x} = \frac{1}{n}\sum_{i=1}^{n} x_i$$
$$= \frac{1}{n}(x_1 + x_2 + \cdots + x_n)$$

《説明》 分散を実際に計算するときは，この式を用いる方が便利である。

（説明終）

【証明】 分散の定義式を展開して変形する。

$$\sigma^2 = \frac{1}{n}\sum_{i=1}^{n}(x_i - \bar{x})^2$$
$$= \frac{1}{n}\sum_{i=1}^{n}(x_i^2 - 2\bar{x}x_i + \bar{x}^2)$$
$$= \frac{1}{n}\left\{\sum_{i=1}^{n} x_i^2 - \sum_{i=1}^{n} 2\bar{x}x_i + \sum_{i=1}^{n} \bar{x}^2\right\}$$

定数は $\sum$ の外に出すと

$$= \frac{1}{n}\left\{\sum_{i=1}^{n} x_i^2 - 2\bar{x}\sum_{i=1}^{n} x_i + \bar{x}^2\sum_{i=1}^{n} 1\right\}$$
$$= \frac{1}{n}\sum_{i=1}^{n} x_i^2 - 2\bar{x}\left(\frac{1}{n}\sum_{i=1}^{n} x_i\right) + \frac{1}{n}\bar{x}^2 \cdot n$$
$$= \frac{1}{n}\sum_{i=1}^{n} x_i^2 - 2\bar{x}\cdot\bar{x} + \bar{x}^2$$
$$= \frac{1}{n}\sum_{i=1}^{n} x_i^2 - \bar{x}^2$$

（証明終）

$$\sum_{i=1}^{n} 1 = \underbrace{1 + 1 + \cdots + 1}_{n\,コ} = n$$

例題 28

右は，I 医院における 1 週間の外来患者数である。
(1) 平均と中央値を求めてみよう。
(2) 分散と標準偏差を求めてみよう。
(いずれも小数第 1 位まで。)

外来患者数(人)	
月	252
火	198
水	155
木	163
金	132
土	204

解 基本統計量，特に平均と分散，標準偏差を求める場合には，次のように表して計算すると便利である。

(1) はじめに表のタテに並んだ数値を全部加えて総数 (Σ) を求め，それをデータの数 $n=6$ で割れば平均 $\bar{x}$ が求まる。

$$\bar{x} = \frac{1}{6}\sum_{i=1}^{6} x_i = \frac{1}{6} \times 1104 \fallingdotseq \boxed{184.0}$$

$$\sigma^2 = \frac{1}{n}\sum_{i=1}^{n} x_i^2 - \bar{x}^2$$

中央値 $\tilde{x}$ は，データを小さい順 (または大きい順) に並べたときの真中の値である。

$$132 < 155 < 163 < 198 < 204 < 253$$

データの数は 6 (偶数) なので

$$\tilde{x} = \frac{1}{2}(163 + 198) = \boxed{180.5}$$

(2) 定理 3.1 の計算式を用いて分散 σ^2 を求めよう。表に各数値を 2 乗して x_i^2 を求め総和 (Σ) を求める。その値を用いて分散と標準偏差を計算すると

	x_i	x_i^2
	252	63504
	198	39204
	155	24025
	163	26569
	132	17424
	204	41616
Σ	1104	212342

$$\sigma^2 = \frac{1}{6}\sum_{i=1}^{n} x_i^2 - \bar{x}^2 = \frac{1}{6} \times 212342 - 184.0^2 = 1534.3333$$

$$\therefore \quad \sigma^2 = \boxed{1534.3}$$

$$\sigma = \sqrt{\sigma^2} = \sqrt{1534.3333} = 39.1706$$

$$\therefore \quad \sigma = \boxed{39.2} \qquad \text{(解終)}$$

練習問題 28   解答は p.190

右は S 子と友人のデータである。中央値，最頻値，平均，分散，標準偏差を求めなさい。

1 年間取得単位数			
A 雄	45	P 子	46
B 輔	48	Q 美	45
C 太	46	R 奈	46
D 男	40	S 子	48
E 朗	32		

§2 データのグラフ表現

データは数字または文字の集まりなので，見ただけではデータの特徴を把握しづらい。そこで，一瞬でデータの特徴をとらえられるように，データを視覚化したのがグラフである。

データのグラフ表現には色々あるので，そのデータにふさわしいグラフを選んで表現しよう。ここでは比較的簡単に作成できるよく知られたグラフを紹介しよう。

(1) 棒グラフ

数や量の大小を比較したいときに適している。

━━ 例題 29.1 ━━

右の人口データを棒グラフを使って表してみよう。またグラフを見ながら考察してみよう。

世界の人口（単位100万人）

地域	2003年	2025年予測
アジア	3823	4742
北アメリカ	507	625
南アメリカ	362	456
ヨーロッパ	726	696
アフリカ	852	1292
オセアニア	32	40

[解] 横軸に地域名，縦軸に人口をとる。データの一番大きい数が含まれるように縦軸に数値を目盛り，2003年と2025年予測の人口を色分けなどして棒で表す。

[考察例] アジア地域の人口がとび抜けて多く，この傾向は将来も続く。また，人口の増加率はアフリカが一番大きく，アジアの増加率はアフリカを除く他の地域とあまり変らないが，絶対数が大きいので，将来にわたりアジア地域の人口削減が最重要課題となろう。　　　　(解終)

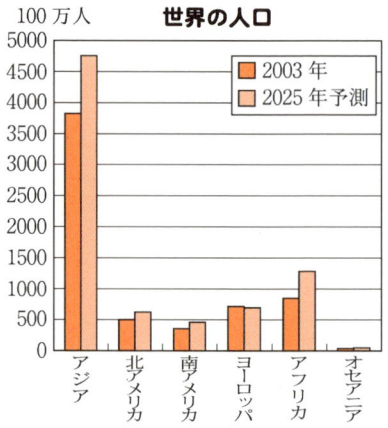

(2) 円グラフと帯グラフ

ともに比率やパーセントを比較したいときに適している。

=== 例題 29.2 ===

右の喫煙状況調査について
(1) 男性の状況を円グラフに表してみよう。
(2) 男女の状況をそれぞれ帯グラフに表し，考察してみよう。

喫煙状況

	男性	女性
現在習慣的に喫煙している	46.8%	11.3%
過去習慣的に喫煙していた	20.9%	3.5%
喫煙しない	32.3%	85.2%

[解] (1) %に応じて中心角を求める。
$$360° \times 0.468 ≒ 168.5°$$
$$360° \times 0.209 ≒ 75.2°$$
$$360° \times 0.323 ≒ 116.3°$$

これをもとに円グラフを描くと右のようになる。

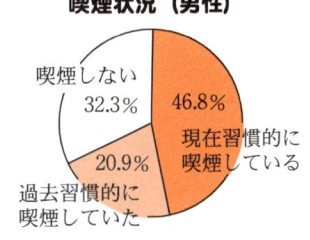

(2) %に応じて帯の長さを求める。

帯の全長を 7 cm とすると

男性 $\begin{cases} 7\,\text{cm} \times 0.468 ≒ 3.3\,\text{cm} \\ 7\,\text{cm} \times 0.209 ≒ 1.5\,\text{cm} \\ 7\,\text{cm} \times 0.323 ≒ 2.2\,\text{cm} \end{cases}$ 女性 $\begin{cases} 7\,\text{cm} \times 0.113 ≒ 0.8\,\text{cm} \\ 7\,\text{cm} \times 0.035 ≒ 0.2\,\text{cm} \\ 7\,\text{cm} \times 0.852 ≒ 6.0\,\text{cm} \end{cases}$

喫煙状況

■ 現在習慣的に喫煙している
■ 過去習慣的に喫煙していた
□ 喫煙しない

女性　11.3% / 3.5% / 85.2%
男性　46.8% / 20.9% / 32.3%

[**考察例**] 男女差がはっきりとわかるが，男性の「過去習慣的に喫煙していた」＝「禁煙に成功した」と判断すると，男性の努力もうかがえる。喫煙は間接喫煙で他の人にも健康被害を与えるので一層の禁煙キャンペーンが必要である。

(解終)

(3) 折れ線グラフ

変化の様子を示したいときに用いる。

=== 例題 29.3 ===

右は，I家の昨年1年間の電気，ガス使用量をまとめたものである。このデータを折れ線グラフに表してみよう。

電気，ガス使用量

	電気(kWh)	ガス(m^3)
1月	492	86
2月	426	52
3月	316	60
4月	365	48
5月	394	37
6月	305	30
7月	436	20
8月	384	13
9月	414	21
10月	319	29
11月	350	43
12月	313	51

[解] 横軸に月をとり，縦軸に使用量の数値を目盛るが，電気とガスは異なる単位のため，左軸に電気（kWh），右軸に（m^3）の数値を目盛る。それぞれの目盛りに合わせて，電気とガスの折れ線を描くと，下のようになる。

[I氏コメント] 暖房はガス床暖房と電気ストーブ，冷房はエアコン（電気）で行っているので，各月の使用量の推移はだいたい妥当なものであろう。ただし，6月に電気の使用量が減っている原因は，テレビの故障のためと思われる。　　　　　　　　　　（解終）

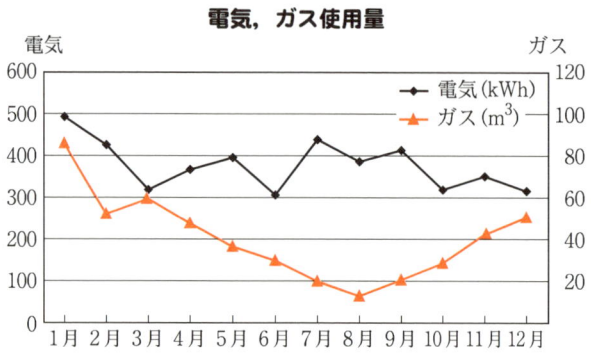

（4） 散布図

2つの変量の関係の様子を表したいときに用いる。

例題 29.4

右は，発展途上国におけるある年の識字率と乳児死亡率のデータである。このデータの散布図を描き，考察してみよう。

発展途上国の識字率と乳児死亡率

国　名	識字率(%)	乳児死亡率(%)
ケ ニ ア	69	7
エ ジ プ ト	48	8
エ チ オ ピ ア	24	11
モ ロ ッ コ	50	5
ナ イ ジ ェ リ ア	51	8
アフガニスタン	29	17
イ ラ ク	60	7
ト ル コ	81	5
ル ー マ ニ ア	96	2
ブ ラ ジ ル	81	7
ボ リ ビ ア	78	8
カ ン ボ ジ ア	35	11
インドネシア	77	7
イ ン ド	52	8
パ キ ス タ ン	35	10

解 横軸に識字率，縦軸に死亡率をとり，各データの数値を座標として点をとる。必要ならば点の所に国名を書いてもよい。

[考察例] 点の分布は右下がりになっている。つまり，識字率が上がれば乳児死亡率は下がる傾向にある。このデータは途上国のサポートは，医療面だけでなく教育面も同時に重要であることをうかがわせる。　　　　　　　　　（解終）

「識字率」とは文字を読み書きできる人の割合のことよ。

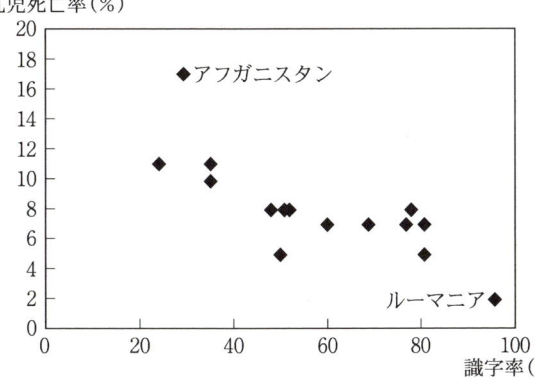

（5）レーダーチャート

たくさんの変量を比較したいときに用いられる。

例題 29.5

右のデータはペットボトル処理費用に関する調査結果である。これをレーダーチャートに表し、考察してみよう。

使用済みペットボトル処理費用（円/1000本）

費用区分	リサイクルケース	埋め立てケース
収集	2085	1996
処理	2900	2320
埋め立て処分	214	1380
リサイクル委託	3630	0
汚染限界対策	263	677
合計	9092	6373

[解] レーダーチャートとは、右図のような、くもの巣状のグラフである。変量が5つ以上あり、各データは同一単位または割合になっていないとお互いに比較できない。

このデータは変量が5つなので
$$360° \div 5 = 72°$$
より、中心角 $72°$ で中心より5本の軸を伸ばす。その軸に目盛りをつけてグラフ描く。

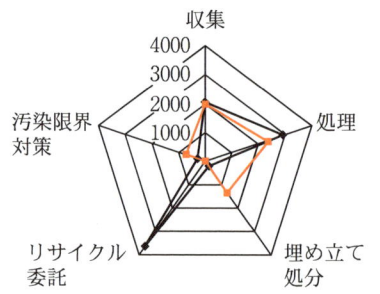

[考察例] 資源の有効利用を考えると、ペットボトルはリサイクルをすることが望ましいが、このグラフでもわかるように、リサイクルをする場合、委託費用がかなり余分にかかる。しかし、委託後の再生品により利益が出れば、その利益を還元し、リサイクル費用に当てることができるので、一日も早くリサイクルの巡環システムを作ることが望まれる。　　　　（解終）

練習問題 29   解答は p.190

次の各データをグラフ表現し，考察しなさい．

(1) FSドラマ視聴率推移

回数	視聴率(%)
1	23.4
2	22.8
3	19.3
4	15.8
5	16.2
6	14.9
7	11.3
8	8.2
9	10.5
10	13.1
11	19.4
12	24.2

(2) S社健康診断結果

受診番号	身長(cm)	体重(kg)
1	155.2	54.5
2	167.3	62.3
3	150.8	43.9
4	175.9	60.8
5	162.0	63.2
6	149.3	50.1
7	150.8	51.0
8	154.7	57.9
9	161.4	55.5
10	159.1	61.7
11	153.8	58.8
12	151.0	42.0
13	164.6	75.4
14	166.9	68.3
15	155.4	61.2
16	152.5	49.3
17	166.2	53.7
18	175.1	85.1
19	177.2	76.9
20	153.4	46.5

(3) エネルギー消費量（2000年，石油換算）

国名	一人当たり(kg)	総計(10万t)
日 本	3730	4732
中 国	561	7154
U S A	7725	21879
イギリス	3864	2299
ロ シ ア	4077	5932

(4) 新車乗用車販売台数（2005年3月）

車種別	台　数
普 通 車	185985
小 型 車	304759
軽自動車	193796
合　計	684540

(5) 音響映像機器出荷前年同期比(%)

種別	2005年 1月	4月
カラーTV	−14.0	−19.8
プラズマTV	27.3	66.7
液晶TV	72.6	85.0
V T R	−42.0	36.9
DVDレコーダー	74.8	20.6
ビデオ一体型カメラ	44.1	−15.4
デジタルカメラ	−4.4	−14.3

(6) 栄養比較

	刺身定食	とんかつ定食	一日の目安
たんぱく質(g)	29.4	31.5	70
脂質(g)	5.5	41.0	53
炭水化物(g)	77.0	97.8	400
塩分(g)	4.5	5.2	10
食物繊維(g)	3.3	4.9	25
ビタミンE(mg)	2.1	4.3	10
カロリー(kcal)	489	910	1900

(7) バンクーバーの気温(℃)

月	1月	2月	3月	4月	5月	6月	7月	8月	9月	10月	11月	12月
最高	5	8	9	13	17	19	22	22	18	14	9	7
最低	0	1	2	5	8	11	13	13	10	6	3	1

§3 度数分布表とヒストグラム

母集団そのもの，または母集団からの標本として多くのデータが集まったとしよう．これらの数値がどのように分布しているかを調べるには，次の**度数分布表**と呼ばれる表を作るとよい．つまり，データにある数値を等間隔でいくつかの階級に分け，それぞれの階級にいくつのデータが属しているかを調べた表である．

度数分布表

階　級	階級値	度数	相対度数	累積度数	累積相対度数
a_0 以上～a_1 未満	b_1	f_1	$\dfrac{f_1}{n}$	f_1	$\dfrac{1}{n} \times f_1$
$a_1 \sim a_2$	b_2	f_2	$\dfrac{f_2}{n}$	$f_1 + f_2$	$\dfrac{1}{n} \times (f_1 + f_2)$
$\vdots$	$\vdots$	$\vdots$	$\vdots$	$\vdots$	$\vdots$
$a_{i-1} \sim a_i$	b_i	f_i	$\dfrac{f_i}{n}$	$f_1 + f_2 + \cdots + f_i$	$\dfrac{1}{n} \times (f_1 + f_2 + \cdots + f_i)$
$\vdots$	$\vdots$	$\vdots$	$\vdots$	$\vdots$	$\vdots$
$a_{m-1} \sim a_m$	b_m	f_m	$\dfrac{f_m}{n}$	$f_1 + f_2 + \cdots + f_m = n$	$\dfrac{1}{n} \times (f_1 + f_2 + \cdots + f_m) = 1$
計		n	1		

階級の数 m の目安は

$$n \fallingdotseq 50 \quad \text{のとき} \quad m = 5 \sim 7$$
$$n \fallingdotseq 100 \quad \text{のとき} \quad m = 8 \sim 12$$
$$n \geqq 100 \quad \text{のとき} \quad m = 10 \sim 20$$

で，細かすぎても粗すぎてもよくない．

階級値 b_i は各階級の真中の値

$$b_i = \frac{1}{2}(a_{i-1} + a_i)$$

である．

度数分布表をグラフ表現し，視覚化したのが次の **ヒストグラム，度数折れ線，累積度数折れ線** である。棒グラフのようなグラフがヒストグラムで，横軸は数値の小さい順であり，度数を表す棒の間隔は空けない。これは，ヒストグラムは数値の分布を表すもので，確率分布と関連づけて考えるためである。

　いずれのグラフも，全体的な数値の分布を表しているが，階級のとり方によっては分布の形がかなり異なる場合もあるので注意しよう。

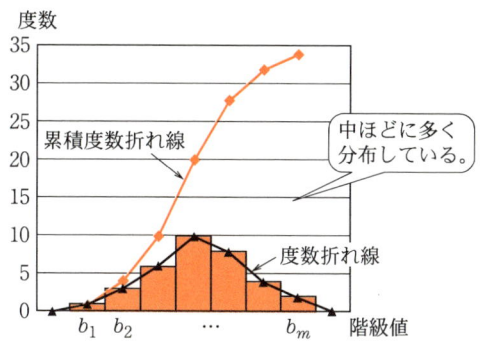

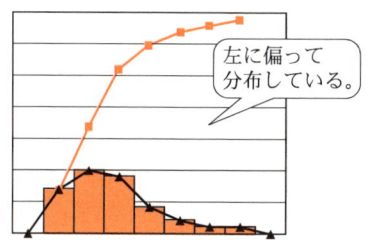
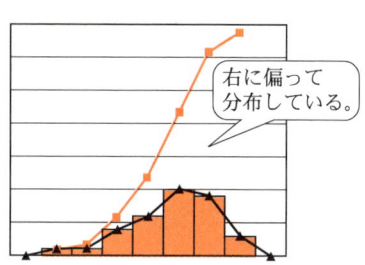

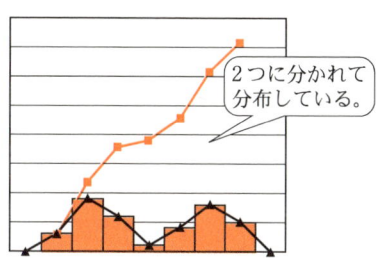

例題 30

右のデータは，A学科新入生の健康診断の結果をもとに算出したBMIのデータである。男子のデータについて
(1) 度数分布表を作ってみよう。
(2) 作成した度数分布表をもとに，ヒストグラム，度数折れ線および累積度数折れ線を描いてみよう。
(3) 度数分布表を利用して，平均，分散，標準偏差を求めてみよう。

健康診断 BMI 値

男子	女子
19.4	21.8
21.1	21.4
21.8	27.5
21.9	20.1
27.4	28.3
17.4	18.2
22.7	17.9
19.4	25.3
25.8	25.8
19.6	24.1
18.3	25.9
20.2	22.1
28.4	27.4
20.7	24.7
21.5	18.5
20.3	17.8
19.4	20.8
20.5	23.4
20.8	22.1
25.4	23.7
22.3	
27.1	
19.6	

解 (1) 度数分布表を作る。

はじめに，いくつの階級に分けるか考える。

データ数：$n=23$，　最大値 $=28.4$，　最小値 $=17.4$
を考慮し，(少し細かいが) 7つの段級に分けてみる。(階級数は自分で決めてよい。)

階級値は階級の真中の値である。「カウント」は，データを見ながら印をつけ，それにより度数の数値を求める。他は p.104 を参照しながら計算しよう。

階級 以上～未満	階級値	カウント	度数	相対度数	累積度数	累積相対度数
16～18	17	一	1	0.04	1	0.04
18～20	19	正一	6	0.26	7	0.30
20～22	21	正正	9	0.39	16	0.70
22～24	23	丁	2	0.09	18	0.78
24～26	25	丁	2	0.09	20	0.87
26～28	27	丁	2	0.09	22	0.96
28～30	29	一	1	0.04	23	1
計			23	1		

太り過ぎややせすぎに注意してね。

— Body Mass Index —

$$\mathrm{BMI} = \frac{体重(\mathrm{kg})}{\{身長(\mathrm{m})\}^2}$$

BMI ≤ 18.4　やせすぎ
BMI ≥ 25　肥満

（2） ヒストグラムの横軸は階級または階級値にとる。縦軸は度数である。度数を見ながら棒グラフをすき間のないように描くと、ヒストグラムができる。ヒストグラムの各棒の上中央の点を結ぶと度数折れ線となる。

度数分布表の累積度数の数値を見ながら折れ線グラフを書くと、累積度数折れ線となる。

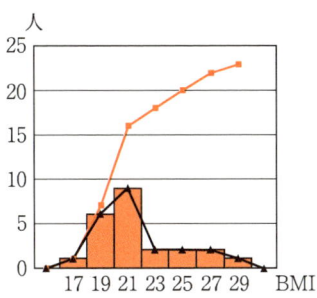

（3） 階級値と度数で各値を計算する。（たとえば、値が 19 の人は 6 人いるとみなす。）

右の表を作って計算し、その結果より

平均 $= 499 \div 23 \fallingdotseq 21.6957$

分散 $= 204.87 \div 23 \fallingdotseq 8.9074$

標準偏差 $= \sqrt{8.9074} \fallingdotseq 2.9845$

階級値 b_i	度数 f_i	$b_i \cdot f_i$	$b_i -$ 平均	$(b_i -$ 平均$)^2 \cdot f_i$
17	1	17	-4.7	22.09
19	6	114	-2.7	43.74
21	9	189	-0.7	4.41
23	2	46	1.3	3.38
25	2	50	3.3	21.78
27	2	54	5.3	56.18
29	1	29	7.3	53.29
計	23	499		204.87

以上より

平均 $=$ 21.70，　分散 $=$ 8.91，　標準偏差 $=$ 2.98

（もとデータからの計算結果は
　平均 $= 21.78$，分散 $= 8.73$，標準偏差 $= 2.96$）　　　　　　（解終）

$$\text{平均 } \bar{x} = \frac{1}{n} \sum_{i=1}^{n} x_i$$

$$\text{分散 } \sigma^2 = \frac{1}{n} \sum_{i=1}^{n} (x_i - \bar{x})^2$$
$$\text{標準偏差 } \sigma = \sqrt{\sigma^2}$$

練習問題 30　　　　解答は p.192

例題 30 における女子の BMI 値データについて

（1） 度数分布表を作成し、ヒストグラム、度数折れ線、累積度数折れ線を描きなさい。

（2） 度数分布表を利用して、平均、分散、標準偏差を求めなさい。

（3） 例題の男子の結果と比較しなさい。

§4 散布図と相関係数

データが，身長と体重，処理前と処理後などのように，対象としている物の2つの性質に関する数値の対である場合を考えよう。このようなデータを，

対応のある2変量のデータ

という。

No.	x	y
1	x_1	y_1
⋮	⋮	⋮
i	x_i	y_i
⋮	⋮	⋮
n	x_n	y_n

これらを平面上の点として表現したグラフを **散布図** という。データの組 (x_i, y_i) の散布状態を表したグラフである。p.101のグラフ表現でも散布図を扱ったが，ここではもう少し詳しくみていこう。
散布図にはいろいろなタイプが考えられる。下の散布図では，データのどんな特徴や傾向が読みとれるだろうか？

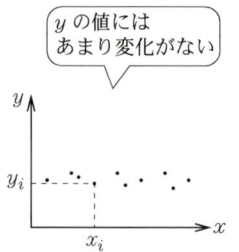

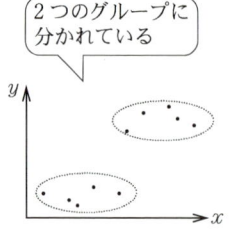
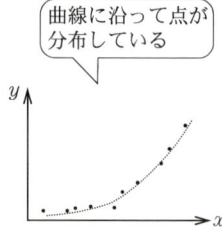
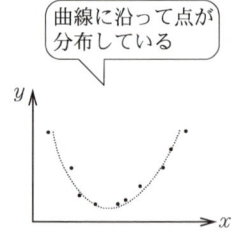

§4 散布図と相関係数

=定義=

対応のある2変量 x, y について，
$$\sigma_{xy} = \frac{1}{n}\sum_{i=1}^{n}(x_i - \bar{x})(y_i - \bar{y})$$
を x と y の**共分散**という。

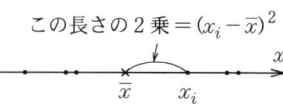

《説明》 変量が x 1つの場合に，分散 σ_x^2 を考えた。これは
$$\sigma_x^2 = \frac{1}{n}\sum_{i=1}^{n}(x_i - \bar{x})^2$$
という定義式をもち，平均 $\bar{x}$ を基準にして，全体のデータの散らばり具合を表す量であった。これを，対応のある2つの変量の場合に拡張してみよう。基準は点 $A(\bar{x}, \bar{y})$ である。

点 (x_i, y_i) が点 A を基準に
  上にあるか下にあるか
  右にあるか左にあるか
も含めた量
$$(x_i - \bar{x})(y_i - \bar{y})$$
を考える。右図のように，(x_i, y_i) が
  色のついた部分（①または③）にあれば
$$(x_i - \bar{x})(y_i - \bar{y}) > 0$$
  グレーの部分（②または④）にあれば
$$(x_i - \bar{x})(y_i - \bar{y}) < 0$$

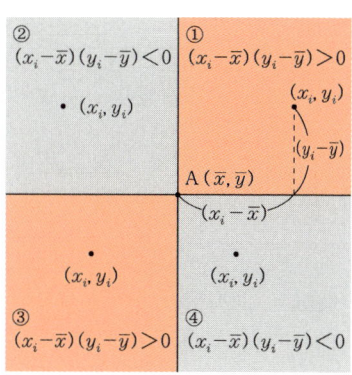

となる。この量の平均が x と y の共分散である。

つまり共分散の値 σ_{xy} について
・正の値で値が大きいほど①③の方向にデータが散らばっている
・負の値で絶対値が大きいほど②④の方向にデータが散らばっている
・絶対値が小さいということは①と③にある点と②と④にある点の散らばり具合がほぼ同じである
ということがわかる。

(説明終)

定理 3.2

$$\sigma_{xy} = \frac{1}{n}\sum_{i=1}^{n} x_i y_i - \bar{x}\,\bar{y}$$

実際の計算に使われるわよ。

【証明】 共分散 σ_{xy} の定義式より

$$\begin{aligned}
\sigma_{xy} &= \frac{1}{n}\sum_{i=1}^{n}(x_i - \bar{x})(y_i - \bar{y}) \\
&= \frac{1}{n}\sum_{i=1}^{n}(x_i y_i - \bar{x} y_i - x_i \bar{y} + \bar{x}\bar{y}) \\
&= \frac{1}{n}\left\{\sum_{i=1}^{n} x_i y_i - \bar{x}\sum_{i=1}^{n} y_i - \bar{y}\sum_{i=1}^{n} x_i + \bar{x}\bar{y}\sum_{i=1}^{n} 1\right\} \\
&= \frac{1}{n}\sum_{i=1}^{n} x_i y_i - \bar{x}\cdot\bar{y} - \bar{y}\cdot\bar{x} + \bar{x}\bar{y} \\
&= \frac{1}{n}\sum_{i=1}^{n} x_i y_i - \bar{x}\,\bar{y}
\end{aligned}$$

（証明終）

平均

$$\bar{x} = \frac{1}{n}\sum_{i=1}^{n} x_i$$

$$\bar{y} = \frac{1}{n}\sum_{i=1}^{n} y_i$$

定義

対応のある 2 変量 x, y について，

$$r = \frac{\sigma_{xy}}{\sigma_x \sigma_y}$$

を x と y の **相関係数** という。

分散

$$\sigma_x^2 = \frac{1}{n}\sum_{i=1}^{n}(x_i - \bar{x})^2$$

$$\sigma_y^2 = \frac{1}{n}\sum_{i=1}^{n}(y_i - \bar{y})^2$$

標準偏差

$$\sigma_x = \sqrt{\sigma_x^2}$$

$$\sigma_y = \sqrt{\sigma_y^2}$$

《説明》 共分散はデータの桁数に左右されてしまう量なので，同じ種類のデータを比較する場合はよいが，2つの変量の関係の程度を表す指標としては不適切である。そこでデータをそれぞれの分散 σ_x, σ_y で割って標準化し，標準化されたデータの共分散

$$r = \frac{1}{n}\sum_{i=1}^{n}\left(\frac{x_i - \bar{x}}{\sigma_x}\right)\left(\frac{y_i - \bar{y}}{\sigma_y}\right) = \frac{\sigma_{xy}}{\sigma_x \sigma_y}$$

を作ると，どんなデータでも $-1 \leqq r \leqq 1$ という性質をもつ。これが相関係数である。

相関係数 r の値の範囲により，変量 x と y との関係について，だいたい次のように表現される。

$$-1 \leqq r \leqq -0.8 \quad \text{強い負の相関がある}$$
$$-0.8 < r \leqq -0.6 \quad \text{かなり負の相関がある}$$
$$-0.6 < r \leqq -0.4 \quad \text{やや負の相関がある}$$
$$-0.4 < r \leqq -0.2 \quad \text{弱い負の相関がある}$$
$$-0.2 < r < 0.2 \quad \text{ほとんど相関はない}$$
$$0.2 \leqq r < 0.4 \quad \text{弱い正の相関がある}$$
$$0.4 \leqq r < 0.6 \quad \text{やや正の相関がある}$$
$$0.6 \leqq r < 0.8 \quad \text{かなり正の相関がある}$$
$$0.8 \leqq r \leqq 1 \quad \text{強い正の相関がある}$$

しかし，相関係数はあくまでも右下図における①③方向や②④方向のデータの散らばり具合を表す指標であって，他の関係については何も言っていないことに注意しよう。

下図Ⓐ Ⓑ Ⓒ では相関係数の値により 2 つの変量の傾向が示せるが，Ⓔ Ⓕ は相関係数の値だけでなく，他の関係も調べる必要がある。相関係数と散布図の両方を参考にしながらデータを考察しよう。

(説明終)

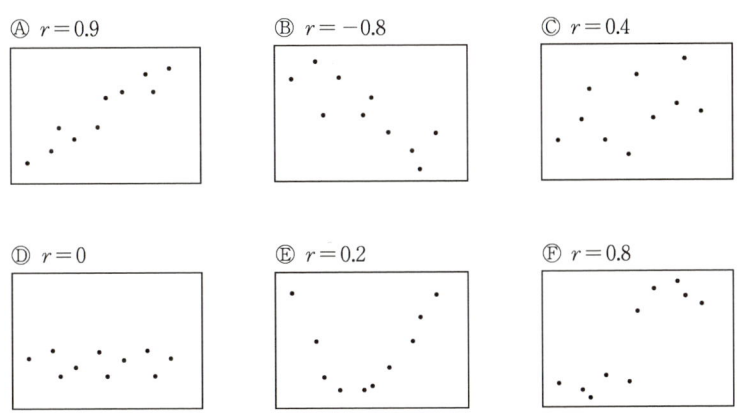

例題 31

右は，ある地方6県について，県民所得と乗用車保有台数の伸び率に関するデータである。

(1) 散布図を描いてみよう。
(2) 相関係数 r を求めてみよう。
(3) 散布図と相関係数の値から，データにどんな特徴があるか考察してみよう。

県名	所　得 伸び率(%)	乗用車保有台数 伸　び　率（%）
青山県	5.6	6.5
岩足県	5.9	6.3
宮下県	7.3	6.2
秋畑県	7.6	6.6
山城県	8.7	6.9
福川県	7.6	6.4

解 (1) 横軸に所得の伸び率 x
縦軸に乗用車保有台数の伸び率 y をとり，各 (x_i, y_i) をプロットすると右図のようになる。各軸の値の範囲はデータに現われる範囲でよい。

(2) 相関係数 r を求めるのに必要な基本的な量を，表を使って先に求めておこう。

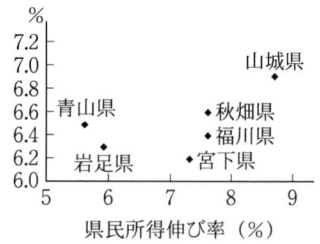

x	y	x^2	y^2	xy
5.6	6.5	31.36	42.25	36.40
5.9	6.3	34.81	39.69	37.17
7.3	6.2	53.29	38.44	45.26
7.6	6.6	57.76	43.56	50.16
8.7	6.9	75.69	47.61	60.03
7.6	6.4	57.76	40.96	48.64
Σ 42.7	38.9	310.67	252.51	277.66

―平均―
$$\bar{x} = \frac{1}{n}\sum_{i=1}^{n} x_i$$
$$\bar{y} = \frac{1}{n}\sum_{i=1}^{n} y_i$$

―分散―
$$\sigma_x^2 = \frac{1}{n}\sum_{i=1}^{n}(x_i - \bar{x})^2 = \frac{1}{n}\sum_{i=1}^{n} x_i^2 - \bar{x}^2$$
$$\sigma_y^2 = \frac{1}{n}\sum_{i=1}^{n}(y_i - \bar{y})^2 = \frac{1}{n}\sum_{i=1}^{n} y_i^2 - \bar{y}^2$$

表の計算結果を使って

$$\bar{x} = \frac{1}{6} \times 42.7 \fallingdotseq 7.1167$$

$$\bar{y} = \frac{1}{6} \times 38.9 \fallingdotseq 6.4833$$

$$\sigma_x{}^2 = \frac{1}{6} \times 310.67 - 7.1167^2 \fallingdotseq 1.1309$$

$$\sigma_y{}^2 = \frac{1}{6} \times 252.51 - 6.4833^2 \fallingdotseq 0.0518$$

$$\sigma_x = \sqrt{1.1309} \fallingdotseq 1.0634$$

$$\sigma_y = \sqrt{0.0518} \fallingdotseq 0.2276$$

$$\sigma_{xy} = \frac{1}{6} \times 277.66 - 7.1167 \times 6.4833 \fallingdotseq 0.1370$$

$$r = \frac{0.1370}{1.0634 \times 0.2276} = 0.5660 \fallingdotseq \boxed{0.57}$$

──共分散──
$$\sigma_{xy} = \frac{1}{n} \sum_{i=1}^{N} (x_i - \bar{x})(y_i - \bar{y})$$
$$= \frac{1}{n} \sum_{i=1}^{N} x_i y_i - \bar{x}\,\bar{y}$$

──相関係数──
$$r = \frac{\sigma_{xy}}{\sigma_x \sigma_y}$$

(3) [**考察例**] 相関係数 $r \fallingdotseq 0.57$ なので，所得の伸び率と乗用車保有台数の伸び率の間には"やや正の相関がある"と思われるが，散布図を見ると山城県は他とかけ離れ（はずれ値）ていて，他の県は2つのグループ A, B に分けることができる。A, B 間では所得の伸び率に差はあるが，乗用車保有台数の伸び率にはほとんど差はないので，何らかの地域的な事情があると思われる。　　　　　　　　　　　　　　(解終)

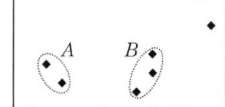

※※※ **練習問題 31** ※※※　解答は p.193 ※※※

右はある地方の7県について，医師の人数と1人当りの医療費を調べたものである。

(1) 散布図を描きなさい。
(2) 相関係数 r を求めなさい。
(3) このデータを考察しなさい。

県名	医師の人数（千人）	県民一人あたりの医療費(万円)
茨成県	3.3	13.9
栃森県	2.9	14.3
群鹿県	3.2	14.9
埼王県	8.5	12.6
千花県	7.3	12.1
京東県	27.8	15.9
神奈県	10.6	13.5

統計学と確率論の関係はいつから？

　紀元前のローマ帝国時代より税や軍事関係のための人口調査は行われてきましたが，統計学の考え方が始まったのは 17 世紀からです。そのころヨーロッパで誕生した近代国家には，多くの社会問題や，経済問題が発生していました。この時代に生まれたのが，コンリング（1608〜1681）やアッヘンワール（1719〜1772）らにより創られた **ドイツ国勢学派** です。この学派の統計学は社会の実証的観察つまり，調査統計で，「国家の状態を数字を用いないで記述する」というものでした。統計学（statistics）は国家（state）に由来しています。一方，イギリスではペテイ（1623〜1687）が **政治算術** という方法を考え出し，なぜ小国のオランダが大国のフランスより国力が強いのかを証明し，イギリスも希望が持てると人々に愛国心を鼓舞したそうです。その後の統計学は社会，政治，経済，人口の数量的観測を行い，これに基づき表現，比較するという内容でした。

　これらが，統計学の 2 大潮流です。これらの潮流の中で，オランダ生まれのゲルツボーム（1691〜1777）」は「一見不規則，偶然と見える物は，すべて我々の無知によってその規則性を洞察出来ないでいるに過ぎない。大量の数量的観測があれば，隠れている規則性が見えてくる。」と考えました。これは，確率論における大数の法則の考え方に他なりません。

　確率論は，統計学とは独立に発生し発展してきました。パスカル（1623〜1662），フェルマー（1601〜1665）が確率の概念を創り，ベルヌーイ（1654〜1705）はそれを明確にし，**大数の法則** を証明しました。つまり，「大量の数量的観測における相対度数が真の確率を近似する。」という統計学の基本原理が数学的に正当化されたのです。ここに，統計学と確率論の親密な関係が始まりました。その後，確率論はフランスの数学者ラプラス（1749〜1827）により集大成されていきました。

統計学の2大潮流と確率論をあわせ，近代統計学の扉を開いたのはベルギーのケトレー（1796〜1874）です．彼は社会的現象を科学の対象とみなし，数量的に研究しようとし，中央統計委員会を設立しました．

　19世紀に入ってから統計調査は盛んに行われ，ダーウィンの進化論は統計学が生物学に有効であることを認識させました．ピアソン（1857〜1936）らは，生物に関する大量な数量的観測（大標本）に対する種々の統計的手法を用いて，生物間の複雑な因果関係を把握しました．この統計手法は**大標本理論**と呼ばれ，観察データに基づく**記述統計学**です．

　これに対し，ゴゼット（1876〜1937）は大標本理論がうまく適用できない実験に遭遇し，それが**小標本理論**のきっかけを作りました．この流れは**推測統計学**としてフィッシャー（1890〜1962）により完成された理論となっていき，現代統計学へと続いていきます．

　20世紀に入り，コルモゴルフ（1903〜1987）は近代的確率論を展開し，この理論により小標本の理論は数学的な支えを得たのです．小標本理論は統計調査の方法を一変させ，大量観察法に代わり，標本調査法が調査の本流となりました．

　今や統計学は，コンピュータの発展と共に自然現象の解析から社会現象の解析，工場の生産管理や余寿命の予測に至るまで，さまざまな分野で使われています．特に近年，ゲノム配列の解明が世界規模で行われ，莫大なデータが蓄積されました．それらの解析手段の一つとして，高度な統計手法が使われ研究が進んでいます．ゲノムの場合は標本を構成している一つ一つが膨大なデータを持っているので，既存の手法ではとても不十分なため，それらの解析にふさわしい統計手法が進化中です．統計学も次の時代に突入したようです．

総合練習3

右のデータはある地域に生息する雄のカブトムシについて，体長と角長を測定調査した結果である。第3章で勉強したことを使い，次のことを調べなさい。

(1) 体長，角長を別々に解析しなさい。
(2) 体長と角長の関係について調べなさい。

カブトムシ調査結果

個体No	体長(mm)	角長(mm)
1	33.2	14.5
2	38.1	15.1
3	42.6	21.5
4	45.3	22.4
5	49.2	16.3
6	50.6	22.5
7	51.7	21.8
8	54.8	24.9
9	57.1	25.4
10	60.2	15.6
11	61.8	25.1
12	64.3	45.2
13	68.5	45.3
14	68.9	32.6
15	69.1	32.4
16	69.3	35.4
17	75.5	41.6
18	75.7	42.6
19	77.6	41.4
20	78.1	45.6
21	78.5	46.2
22	79.2	45.8
23	79.3	45.4
24	84.8	47.9
25	87.6	48.6
26	88.1	50.7
27	89.1	49.3
28	89.6	52.3
29	97.5	51.4
30	98.8	51.2

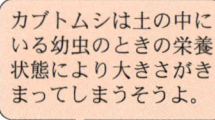

カブトムシは土の中にいる幼虫のときの栄養状態により大きさがきまってしまうそうよ。

コタエハ p.194

第4章
推測統計

§1 母集団と標本

1 母集団と標本

特性を調べたいと思っている母集団から，いくつかの標本（サンプル）を取り出し，その標本を調べて母集団の特性を推測する．本章では，確率の考え方を使って母集団の特性を推測する方法を勉強しよう．

たとえば，

　　　日本人の肥満状況について調べ，今後の健康指導に役立てたい

としよう．肥満状況を表す指標の1つに BMI がある．この数値を使って調べようとするとき

　　　　　母集団＝日本人全員の BMI 数値

である．日本人全員の数値を調べるのはとても無理なので，何人かについて BMI を調べる．これが標本（サンプル）である．標本は偏りのないようにランダムに取り出さなければいけないので，実際にはなかなかむずかしい．標本が集まったら，それをもとに統計処理，統計分析を行い，母集団の特性を推測する．そして，その結果をふまえて，現状を改善したり，将来計画を立てたりするのである．

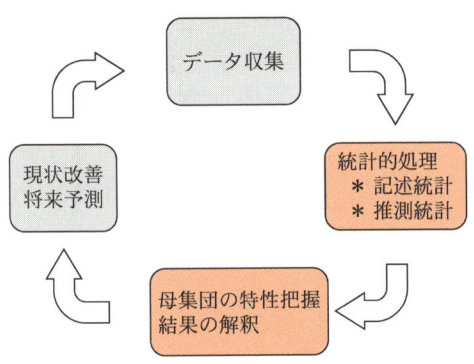

標本は偏りのないようにランダムに選ばないといけない。母集団に属しているどれが標本として抽出されるかは不明である。標本が異なればそれをもとに行う統計処理や分析の結果も異なってしまう。これをどのように扱ったらよいのだろう。

そこで，標本を独立な確率変数とみなし，n 個の標本を
$$X_1, \ X_2, \ \cdots, \ X_n$$
と大文字を使って表すことにする。$X_1, \cdots, X_n$ がどんな数値をとるかは不明だが母集団に含まれている数値の特性によりある値をとりやすかったり，ある値はめったにとらなかったりする。つまり，確率的な動きをする変数と考える。実際に標本を取り出したときの具体的な数値
$$x_1, \ x_2, \ \cdots, \ x_n$$
を**実現値**といい，小文字で表す。

下図の例は，
$$5\text{個の標本} \ \ X_1, X_2, X_3, X_4, X_5$$
を取り出して調べようとしているが，
$$\text{サンプル1の実現値は} \ \ 22.2, 21.4, 20.3, 19.1, 23.0$$
となる。

また，標本から計算される平均，分散なども，確率変数として扱うときは大文字，実現値を表すときは小文字を使うことにする。

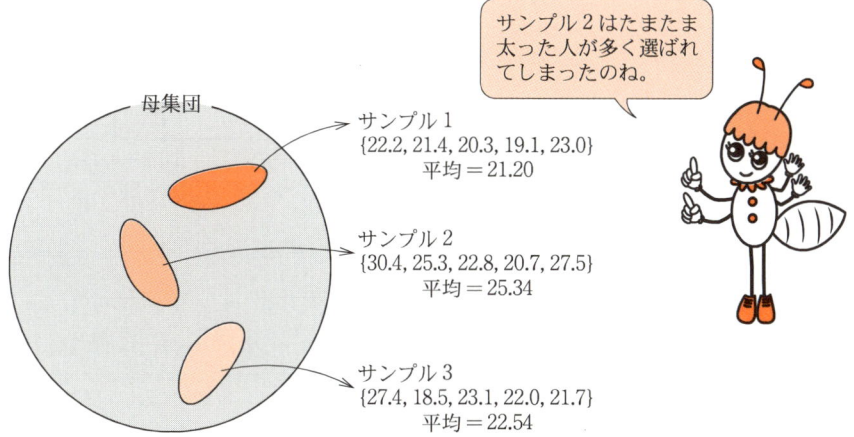

2 標本分布

第2章でも少し勉強したが，統計的な解析をする際に特に大切な確率分布の使い方を勉強しておこう．複雑な確率密度関数の式はあまり気にせず，関数のグラフの形と使い方をよく理解しよう．

⟨1⟩ **正規分布** $N(\mu, \sigma^2)$ （p.62 参照）

平均 μ，分散 σ^2 をもつ典型的な分布である．$\mu = 0$，$\sigma^2 = 1$ のときの正規分布 $N(0,1)$ を**標準正規分布**という．

また，正規分布に従う母集団を**正規母集団**という．

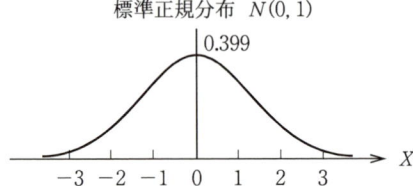

定理 2.10（p.68）より，すべての正規分布は標準正規分布 $N(0,1)$ に変換させることができるので，ほとんどの統計の本の巻末には標準正規分布 $N(0,1)$ の数表が載っている．$N(0,1)$ のどのような数値を表にしてあるかは本により多少異なるので，気をつけよう．本書では（すでに p.66 で練習したが）$N(0,1)$ の確率密度関数の $0 \leqq X \leqq a$ における面積

$$p = \int_0^a f(x)\,dx$$

の値が数表になっている．例題と練習問題で使い方を復習しておこう．

また，正規分布は次の再生性という性質をもっている．

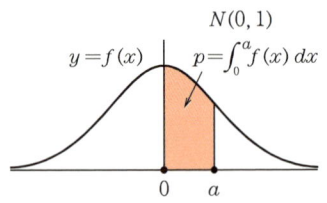

定理 4.1 ［正規分布の再生性］

X, Y が互いに独立な確率変数で，それぞれ正規分布 $N(\mu_1, \sigma_1^2)$，$N(\mu_2, \sigma_2^2)$ に従うとき，$X + Y$ は正規分布 $N(\mu_1 + \mu_2, \sigma_1^2 + \sigma_2^2)$ に従う．

（証明略）

===== 例題 32 =====

標準正規分布 $N(0,1)$ に従う確率変数 X について,$P(X \geqq z(\alpha)) = \alpha$ とおくとき,次の値を数表(p.208〜209)を用いて,求めてみよう。
 (1) $z(0.1)$ (2) $z(0.05)$

解 $P(X \geqq z(\alpha)) = \alpha$ なので,右図,色の部分の面積が α となるような X の値が $z(\alpha)$ である。

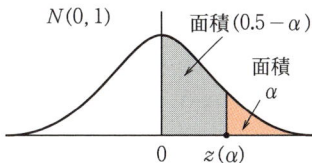

巻末 $N(0,1)$ の数表より
$$P(0 \leqq X \leqq z(\alpha)) = 0.5 - \alpha$$
となる $z(\alpha)$ を求めればよい。

(1) $\alpha = 0.1$ より
$$P(0 \leqq X \leqq z(0.1)) = 0.5 - 0.1 = 0.4$$
となる $z(0.1)$ をさがすと,(線形補正で近似する方法もあるが本書では扱わない)
$$z(0.1) = \boxed{1.28}$$
となる。

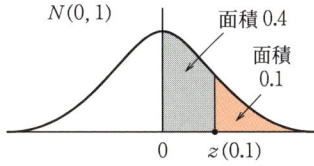

(2) $\alpha = 0.05$ より
$$P(0 \leqq X \leqq z(0.05)) = 0.5 - 0.05 = 0.45$$
となる $z(0.05)$ を数表よりさがすと
$$z(0.05) = \boxed{1.64} \qquad \text{(解終)}$$

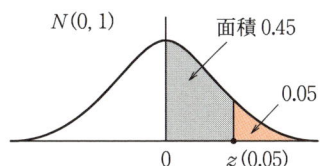

===== 練習問題 32 =====   解答は p.195

上の例題と同じ記号を使うとき,次の値を求めなさい。
 (1) $z(0.005)$ (2) $z(0.025)$

〈2〉 ***t* 分布**（p. 76 参照）

　t 分布は n をパラメータにもつ分布で，n を t 分布の自由度という。その確率密度関数のグラフは下図のように標準正規分布 $N(0,1)$ とよく似ていて，t 分布の方がすそ野が長く，なかなか 0 に近づかない。（下図は t 分布と標準正規分布とのちがいをはっきりさせるために，縦に拡大してある。）

　$n \to +\infty$ のとき，t 分布は標準正規分布に限りなく近づいていく。現実的には $n > 30$ のとき，t 分布は標準正規分布とみなして処理することが多い。

　この分布も推定や検定によく使われる。t 分布を使った検定を一般に **t 検定**と呼ぶ。

　次頁で，t 分布の数表の使い方を練習しよう。

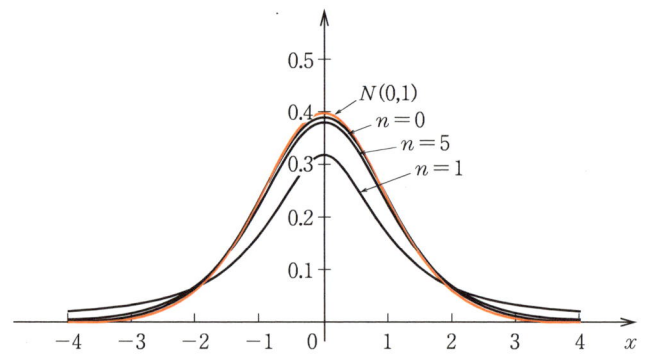

自由度 n は母集団からの標本の数に関係しているのよ。

=== 例題 33 ===

自由度 n の t 分布に従う確率変数 X について，$P(X \geq t_n(\alpha)) = \alpha$ とするとき，次の値を巻末 p.210 の数表を用いて求めてみよう．

(1) $t_5(0.1)$ 　　(2) $t_{10}(0.005)$

解 $P(X \geq t_n(\alpha)) = \alpha$ なので，右図の色のついた部分の面積が α となるような $t_n(\alpha)$ を求めればよい．

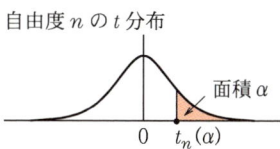

(1) $n = 5$，$\alpha = 0.1$ なので，数表より

n ＼ α	…0.1…
⋮	⋮
5	……1.476……
⋮	⋮

$t_5(0.1) = \boxed{1.476}$

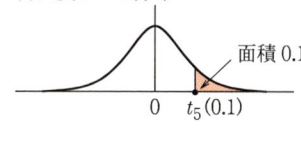

(2) $n = 10$，$\alpha = 0.005$ なので，数表より

n ＼ α	…0.005…
⋮	⋮
10	……3.169……
⋮	⋮

$t_{10}(0.005) = \boxed{3.169}$ 　　(解終)

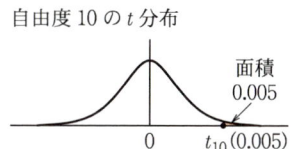

=== 練習問題 33 === 解答は p.196

例題と同じ記号を用いたとき，次の値を求めなさい．

(1) $t_7(0.05)$ 　　(2) $t_3(0.025)$

⟨3⟩ **χ^2 分布** (p.78 参照)

χ^2 分布は，パラメータ n をもった分布で，下図のような左に片寄った分布をもっている。

定理 2.14 (p.79) と下記の定理（いずれも証明略）にある性質より，この分布は母集団の分散に関する推定，検定に使われる．また一般に，χ^2 分布を用いて検定することを **χ^2 検定** という．

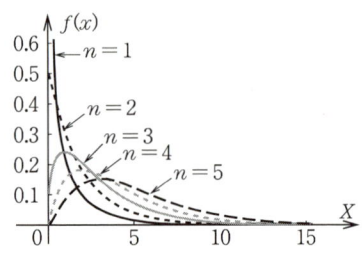

定理 4.2

確率変数 $X_1, \cdots, X_n$ が互いに独立で，すべて $N(0,1)$ に従うとき
$$X_1^2 + \cdots + X_n^2$$
は自由度 n の χ^2 分布に従う．

定理 4.3 [χ^2 分布の再生性]

確率変数 X_1 と X_2 が互いに独立で，それぞれ自由度 m, n の χ^2 分布に従うとき，$X_1 + X_2$ は自由度 $(m+n)$ の χ^2 分布に従う．

次の定理は t 分布と χ^2 分布の関係を示すものである．

定理 4.4

X, Y は互いに独立な確率変数で，それぞれ $N(0,1)$ と自由度 n の χ^2 分布に従うとき，$T = \dfrac{X}{\sqrt{\dfrac{Y}{n}}}$ は自由度 n の t 分布に従う．

χ^2 分布の数表の利用の仕方を右頁の例題と練習問題で練習しておこう．

=== 例題 34 ===

自由度 n の χ^2 分布に従う確率変数 X について，$P(X \geq \chi_n^2(\alpha)) = \alpha$ とおくとき，巻末 p.211 の数表を用いて次の値を求めてみよう．

(1) $\chi_5^2(0.05)$ (2) $\chi_7^2(0.95)$

解 $P(X \geq \chi_n^2(\alpha)) = \alpha$ なので，右図色の部分の面積が α のときの X の値が $\chi_n^2(\alpha)$ である．

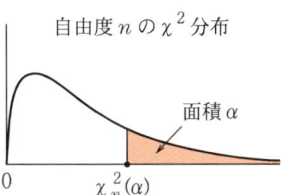

(1) $n=5$，$\alpha=0.05$ の場合なので，χ^2 分布の数表（p.211）で調べると

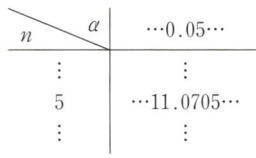

∴ $\chi_5^2(0.05) =$ 11.0705

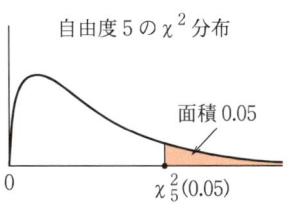

(2) $n=7$，$\alpha=0.95$ の場合である．数表より

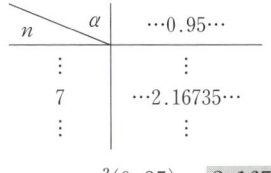

$\chi_7^2(0.95) =$ 2.1674

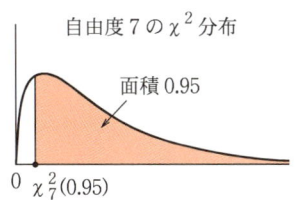

(解終)

=== 練習問題 34 === 解答は p.196

例題と同じ記号を用いるとき，次の値を求めなさい．

(1) $\chi_3^2(0.99)$ (2) $\chi_9^2(0.01)$

〈4〉 **F 分布** (p.80 参照)

2つのパラメータ m と n をもつ分布で，(m, n) を F 分布の自由度という。F 分布は右下図のような左に片寄った分布である。一般に，F 分布を使った検定を **F 検定**という。

定理 4.5

確率変数 X, Y が互いに独立で，それぞれ自由度 (m, n) の χ^2 分布に従っているとき，

$$F = \frac{\dfrac{X}{m}}{\dfrac{Y}{n}}$$

は自由度 (m, n) の F 分布に従う。

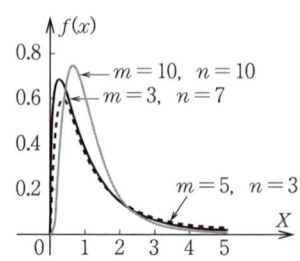

《説明》 この定理より，F 分布は2つの母集団の分散について調べるときに用いられる。 (説明終)

定理 4.6

X を自由度 (m, n) の F 分布に従う確率変数とする。$\alpha\ (0 \leqq \alpha \leqq 1)$ に対して

$$P(X \geqq F_{m,n}(\alpha)) = \alpha$$

とするとき，次式が成立する。

$$F_{m,n}(\alpha) = \frac{1}{F_{n,m}(1-\alpha)}$$

《説明》 定理 2.16(p.81) より導かれる。使い方を次頁で練習しよう。(説明終)

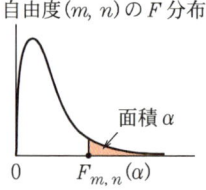
自由度 (m, n) の F 分布

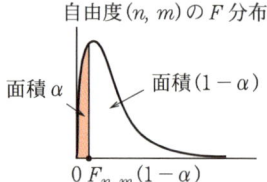
自由度 (n, m) の F 分布

例題 35

自由度 (m, n) の F 分布に従う確率変数 X について,巻末 p.212〜p.215 の数表を用いて次の値を求めてみよう。

(1) $F_{3,5}(0.025)$ 　　(2) $F_{9,7}(0.995)$

解　F 分布の表は α の値別になっていて,本書では $\alpha = 0.025,\ 0.005$ の場合を載せてある。

(1) $\alpha = 0.025$ の F 分布の表で
$$m = 3, \quad n = 5$$
のところをみると,
$$F_{3,5}(0.025) = \boxed{7.7636}$$

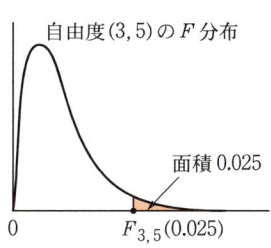

(2) $\alpha = 0.995$ のときの F 分布の数表はない。そこで,前ページ定理 4.6 の性質を使うと

$$F_{9,7}(0.995) = \frac{1}{F_{7,9}(1 - 0.995)}$$
$$= \frac{1}{F_{7,9}(0.005)}$$

$\alpha = 0.005$ の表の $m = 7,\ n = 9$ のところを調べて

$$= \frac{1}{6.8849} \fallingdotseq \boxed{0.1452}$$

（解終）

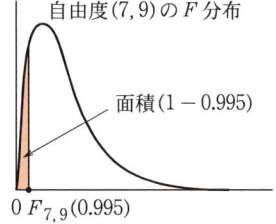

$$\boxed{F_{m,n}(\alpha) = \frac{1}{F_{n,m}(1 - \alpha)}}$$

練習問題 35 　　解答は p.196

例題と同様にして,次の値を求めなさい。

(1) $F_{8,4}(0.005)$ 　　(2) $F_{6,2}(0.975)$

§2 推　　定

母集団からの標本から母平均，母分散など，母集団に特有な数，つまり**母数**を推測する方法はいろいろ考えられている。ここではおもに母平均と母分散についてもっともよく使われている推定方法を紹介しよう。

1 点推定

―**定義**―――――――――――――――――――――――――――――

未知母数 θ に対して，θ の推定値を与える標本 $X_1, X_2, \cdots, X_n$ の関数
$$\Theta = T(X_1, X_2, \cdots, X_n)$$
を θ の**推定量**という。

また，推定量の実現値 $T(x_1, x_2, \cdots, x_n)$ を用いて未知母数 θ の値を推定する方法を**点推定**という。

――――――――――――――――――――――――――――――――

《説明》　たとえば，母平均については，標本 $X_1, X_2, \cdots, X_n$ の関数
$$\bar{X} = \frac{1}{n}(X_1 + X_2 + \cdots + X_n)$$
は1つの推定量である。標本の実現値が

22.2,　21.4,　20.3,　19.1,　23.0

の場合（$n = 5$），この推定量を用いた母平均 μ の推定値は

$$\bar{x} = \frac{1}{5}(22.2 + 21.4 + 20.3 + 19.1 + 23.0) = 21.2$$

> 標本 $X_1, X_2, \cdots, X_n$ をお互いに独立な確率変数とみなします。

となる。

また，標本 $X_1, X_2, \cdots, X_n$ の実現値が異なれば推定量 $T(X_1, X_2, \cdots, X_n)$ の値も異なり，とる値は確率的な動きをする。つまり $T(X_1, X_2, \cdots, X_n)$ も確率変数である。

推定量には，**不偏推定量**，**一致推定量**，**有効推定量**，**最尤推定量** などがある。本書ではおもに不偏推定量を扱う。　　　　　　　　　　　（説明終）

―― 定義 ――
未知母数 θ の推定量 $\Theta = T(X_1, X_2, \cdots, X_n)$ が
$$E[\Theta] = \theta$$
という性質をもつとき，Θ を**不偏推定量**という。

《説明》 標本 $X_1, X_2, \cdots, X_n$ の実現値 $x_1, x_2, \cdots, x_n$ により Θ はいろいろな値をとるが，平均をとると母数 θ になる推定量を不偏推定量という。これに対し，標本の数 n が十分大きければ Θ_n の実現値が母数 θ に近づく確率が高くなるとき，Θ_n を θ の**一致推定量**という。一致推定量のきちんとした定義は確率収束という概念を使うので本書では扱わない。 (説明終)

―― 定理 4.7 ――
標本 $X_1, X_2, \cdots, X_n$ に対し，母平均 μ の推定量
$$\bar{X} = \frac{1}{n}\sum_{i=1}^{n} X_i$$
は，μ の不偏推定量である。

《説明》 この $\bar{X}$ を**標本平均**という。$\bar{X}$ は一致推定量にもなっている。
(説明終)

【証明】 $E[\bar{X}] = \mu$ を示せばよい。

標本 $X_1, X_2, \cdots, X_n$ の各 X_i は母平均 μ をもった母集団から取り出しているので
$$E[X_i] = \mu \quad (i = 1, 2, \cdots, n)$$
が成立する。

$$E[\bar{X}] = E\left[\frac{1}{n}\sum_{i=1}^{n} X_i\right] = \frac{1}{n}\sum_{i=1}^{n} E[X_i]$$
$$= \frac{1}{n}\sum_{i=1}^{n} \mu = \frac{\mu}{n}\sum_{i=1}^{n} 1$$
$$= \frac{\mu}{n} \times n = \mu$$

$$E[aX + b] = a E[X] + b$$
$$E[X + Y] = E[X] + E[Y]$$

$$\sum_{i=1}^{n} 1 = \overbrace{1 + 1 + \cdots + 1}^{n\text{コ}} = n$$

ゆえに $\bar{X}$ は μ の不偏推定量である。 (証明終)

定理 4.8

標本 $X_1, X_2, \cdots, X_n$ に対し,
$$\widehat{S}^2 = \frac{1}{n-1}\sum_{i=1}^{n}(X_i - \overline{X})^2 \quad \left(\text{ただし, } \overline{X} = \frac{1}{n}\sum_{i=1}^{n}X_i\right)$$
は母分散 σ^2 の不偏推定量である。

【証明】 $E[\widehat{S}^2] = \sigma^2$ を示せばよい。

はじめに $\sum_{i=1}^{n}(X_i - \overline{X})^2$ を変形しておく。

母平均を μ とすると

$(n-1)$ で割っているので注意してね。

$$\sum_{i=1}^{n}(X_i - \overline{X})^2$$
$$= \sum_{i=1}^{n}\{(X_i - \mu) - (\overline{X} - \mu)\}^2$$
$$= \sum_{i=1}^{n}\{(X_i - \mu)^2 - 2(X_i - \mu)(\overline{X} - \mu) + (\overline{X} - \mu)^2\}$$
$$= \sum_{i=1}^{n}(X_i - \mu)^2 - 2(\overline{X} - \mu)\sum_{i=1}^{n}(X_i - \mu) + (\overline{X} - \mu)^2\sum_{i=1}^{n}1$$
$$= \sum_{i=1}^{n}(X_i - \mu)^2 - 2(\overline{X} - \mu)\left\{\sum_{i=1}^{n}X_i - \mu\sum_{i=1}^{n}1\right\} + (\overline{X} - \mu)^2\sum_{i=1}^{n}1$$
$$= \sum_{i=1}^{n}(X_i - \mu)^2 - 2(\overline{X} - \mu)(n\overline{X} - \mu \cdot n) + (\overline{X} - \mu)^2 \cdot n$$
$$= \sum_{i=1}^{n}(X_i - \mu)^2 - 2n(\overline{X} - \mu)^2 + n(\overline{X} - \mu)^2$$
$$= \sum_{i=1}^{n}(X_i - \mu)^2 - n(\overline{X} - \mu)^2$$

$\therefore E[\widehat{S}^2] = E\left[\frac{1}{n-1}\sum_{i=1}^{n}(X_i - \overline{X})^2\right] = \frac{1}{n-1}E\left[\sum_{i=1}^{n}(X_i - \overline{X})^2\right]$
$$= \frac{1}{n-1}E\left[\sum_{i=1}^{n}(X_i - \mu)^2 - n(\overline{X} - \mu)^2\right]$$
$$= \frac{1}{n-1}\left\{\sum_{i=1}^{n}E[(X_i - \mu)^2] - nE[(\overline{X} - \mu)^2]\right\}$$

$$E[aX + b] = aE[X] + b$$
$$E[X + Y] = E[X] + E[Y]$$

ここで
$$E[(\overline{X}-\mu)^2] = V[\overline{X}]$$
$$= V\left[\frac{1}{n}\sum_{i=1}^{n}X_i\right]$$

$\boxed{V[aX+b] = a^2V[X]}$

標本 $X_1, X_2, \cdots, X_n$ は独立に取り出されるので

$\boxed{\begin{array}{l} X \text{ と } Y \text{ が独立なら} \\ V[X+Y] = V[X]+V[Y] \end{array}}$

$$= \frac{1}{n^2}\sum_{i=1}^{n}V[X_i] = \frac{1}{n^2}\sum_{i=1}^{n}\sigma^2$$
$$= \frac{\sigma^2}{n^2}\sum_{i=1}^{n}1 = \frac{\sigma^2}{n^2}\cdot n = \frac{\sigma^2}{n}$$

$\therefore \quad E[\widehat{S}^2] = \dfrac{1}{n-1}\left\{\sum_{i=1}^{n}\sigma^2 - n\cdot\dfrac{\sigma^2}{n}\right\}$

$\boxed{\begin{array}{l} \text{平均 } \mu, \text{ 分散 } \sigma^2 \text{ をもつ母集団からの} \\ \text{標本 } X_1, X_2, \cdots, X_n \text{ について} \\ \begin{cases} E[X_i] = \mu \\ V[X_i] = E[(X_i-\mu)^2] = \sigma^2 \end{cases} \\ \qquad (i=1,2,\cdots,n) \end{array}}$

$$= \frac{1}{n-1}\left\{\sigma^2\sum_{i=1}^{n}1 - \sigma^2\right\}$$
$$= \frac{1}{n-1}(\sigma^2\cdot n - \sigma^2)$$
$$= \sigma^2$$

ゆえに $\widehat{S}^2$ は σ^2 の不偏推定量であることが示された。 (証明終)

《説明》 この定理の
$$\widehat{S}^2 = \frac{1}{n-1}\sum_{i=1}^{n}(X_i-\overline{X})^2$$
を母分散 σ^2 の **標本分散** または **不偏分散** といい, σ^2 の推定量としてよく使われる。また
$$\widehat{S} = \sqrt{\widehat{S}^2} = \sqrt{\frac{1}{n-1}\sum_{i=1}^{n}(X_i-\overline{X})^2}$$
は母標準偏差 σ の不偏推定量ではないが標本標準偏差としてよく使われる。

一方,
$$S^2 = \frac{1}{n}\sum_{i=1}^{n}(X_i-\overline{X})^2$$
$$S = \sqrt{S^2} = \sqrt{\frac{1}{n}\sum_{i=1}^{n}(X_i-\overline{X})^2}$$
はそれぞれ σ^2 と σ の一致推定量となっている。

(説明終)

S^2 の方を標本分散という本もあるので気をつけてね。

定理 4.9

標本分散 $\widehat{S}^2$ は次のように変形される。
$$\widehat{S}^2 = \frac{1}{n-1}\left(\sum_{i=1}^n X_i^2 - n\overline{X}^2\right)$$

標本分散
$$\widehat{S}^2 = \frac{1}{n-1}\sum_{i=1}^n (X_i - \overline{X})^2$$

《説明》 電卓を使って $\widehat{S}^2$ の実現値 $\widehat{S}$ を求めるときは，この式を用いた方が便利である。 (説明終)

【証明】
$$\widehat{S}^2 = \frac{1}{n-1}\sum_{i=1}^n (X_i - \overline{X})^2$$
$$= \frac{1}{n-1}\sum_{i=1}^n (X_i^2 - 2X_i\overline{X} + \overline{X}^2)$$
$$= \frac{1}{n-1}\left(\sum_{i=1}^n X_i^2 - 2\overline{X}\sum_{i=1}^n X_i + \overline{X}^2\sum_{i=1}^n 1\right)$$
$$= \frac{1}{n-1}\left(\sum_{i=1}^n X_i^2 - 2\overline{X}\cdot n\overline{X} + \overline{X}^2\cdot n\right)$$
$$= \frac{1}{n-1}\left(\sum_{i=1}^n X_i^2 - n\overline{X}^2\right)$$

(証明終)

母集団 $x_1, x_2, x_3, \ldots, x_N$ から全部を使って計算:
$$\mu = \frac{1}{N}\sum_{i=1}^N x_i : \text{母平均}$$
$$\sigma^2 = \frac{1}{N}\sum_{i=1}^N (x_i - \mu)^2 : \text{母分散}$$

標本抽出 $\{x_1, x_2, \cdots, x_n\}$:
$$\overline{x} = \frac{1}{n-1}\sum_{i=1}^n x_i : \text{標本平均}$$
(母平均の推定値)
$$\widehat{s}^2 = \frac{1}{n-1}\sum_{i=1}^n (x_i - \overline{x})^2 : \text{標本分散(不偏分散)}$$
(母分散の推定値)

例題 36

C牧場では50頭のホルスタイン種乳牛を飼っている。そのうち7頭を無作為に選び、牛乳に含まれている乳脂肪含有率を調べたところ、右の調査結果を得た。各牛が生産する牛乳に含まれる乳脂肪の平均含有率とその分散を推定してみよう。

乳脂肪 含有率(%)
3.81
3.75
3.92
3.50
3.88
4.03
3.97

解 標本から母平均、母分散を測定するので、標本平均、標本分散の式を使って計算する。

必要となる $\sum_{i=1}^{n} x_i$, $\sum_{i=1}^{n} x_i^2$ を右下のように表を作って先に求めておくと便利である。この結果 ($n=7$) を使って

$$\bar{x} = \frac{1}{7}\sum_{i=1}^{7} x_i = \frac{1}{7} \times 26.86 \fallingdotseq 3.8371$$

$$\hat{s}^2 = \frac{1}{7-1}\left(\sum_{i=1}^{n} x_i^2 - 7 \times \bar{x}^2\right)$$

$$= \frac{1}{6}(103.2512 - 7 \times 3.8371^2)$$

$$= 0.0313$$

x	x^2
3.81	14.5161
3.75	14.0625
3.92	15.3664
3.50	12.2500
3.88	15.0544
4.03	16.2409
3.97	15.7609
Σ 26.86	103.2512

以上より、平均含有率とその分散は

$$3.84\%, \quad 0.031(\%)^2$$

と推定される。 (解終)

> 大文字は確率変数、
> 小文字は実現値よ。
> ちょっと計算が大変だけど
> 小数第4位 まで求めてね。

練習問題 36 解答はp.196

1袋50g入りの菓子製造工程において、製品10個をランダムに抽出し、重さを測定して右の結果を得た。全製品の平均重量とその分散を推定しなさい。

1袋中の菓子の重さ	
51.9	49.5
50.2	50.3
50.1	52.1
48.8	48.5
49.7	49.6

自然淘汰か遺伝法則か？

進化論のはなし？　ではありません。

記述統計である**大標本理論**を推し進めたピアソンと，推測統計である**小標本理論**を推し進めたフィッシャーのはなしです（p. 114～115 参照）。

ピアソンはダーウィンの自然淘汰説の流れを汲んだ統計学者でした。一方，フィッシャーはメンデルの遺伝学説の系統を引き継いだ統計学者でした。二人は非常に強い個性の持ち主で，生涯に何度も論争をし，統計手法についてお互いを批判していたそうです。それはダーウィン学派とメンデル学派の代理戦争とも言える論争でした。その代表的なものは，皆さんも今勉強している分散を求める式です。

$$\text{あるときは} \quad \frac{1}{n}\sum_{i=1}^{n}(x_i - \bar{x})^2 \quad \text{を使い,}$$

$$\text{また，あるときは} \quad \frac{1}{n-1}\sum_{i=1}^{n}(x_i - \bar{x})^2 \quad \text{を使う}$$

果たしてその実態は？

ピアソンは標本からの母分散の推定値として，第1式を使っていましたが，フィッシャーは第1式では実際より値が小さい方に偏ると異議を唱え，第2式を提唱しました。つまり不偏分散の考え方です。当時はまったく新しい考え方で，ピアソン学派からは散々非難されたそうですが，現在ではフィッシャーに軍配が上がっています。

2 区間推定

母集団からの標本を，独立な確率変数として
$$X_1, X_2, \cdots, X_n$$
と表し，これらの関数，つまり推定量を一般的に
$$T(X_1, X_2, \cdots, X_n)$$
と表す。

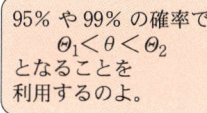

不偏推定量
$$\bar{X} = \frac{1}{n}\sum_{i=1}^{n} X_i$$
$$\widehat{S}^2 = \frac{1}{n-1}\sum_{i=1}^{n}(X_i - \bar{X})^2$$

定義

未知母数 θ に対して，2 つの推定量
$$\Theta_1 = T_1(X_1, X_2, \cdots, X_n), \quad \Theta_2 = T_2(X_1, X_2, \cdots, X_n)$$
を用いて
$$P(\Theta_1 < \theta < \Theta_2) = \gamma \quad (0 < \gamma < 1)$$
となるとき，Θ_1 と Θ_2 の実現値 θ_1, θ_2 を用いた θ の区間
$$\theta_1 < \theta < \theta_2$$
を θ の信頼係数 γ の**信頼区間**という。

また，推定量 Θ_1, Θ_2 の実現値を用いて未知母数 θ の信頼区間 $\theta_1 < \theta < \theta_2$ を求めることを**区間推定**という。

《説明》 区間推定とは，未知母数 θ を区間で推定する方法である。γ の値は普通 0.95 か 0.99 に設定する。つまり区間推定とは
$$\text{確率 } P(\Theta_1 < \theta < \Theta_2) \quad \text{が} \quad 0.95 \text{ や } 0.99 \quad \text{になる}$$
ことを利用して，θ の範囲を標本の実現値 θ_1, θ_2 より定めることである。信頼係数 γ の信頼区間は 100γ ％信頼区間ともいわれる。

また，

θ_1 を**下側信頼限界**

θ_2 を**上側信頼限界**

という。

(説明終)

95% や 99% の確率で
$\Theta_1 < \theta < \Theta_2$
となることを
利用するのよ。

⟨1⟩ 母平均と母分散の区間推定

はじめに，もととなる定理を紹介しよう。

定理 4.10

正規分布 $N(\mu, \sigma^2)$ に従う母集団からの標本 $X_1, \cdots, X_n$ に対して，$(\bar{X} - \mu)\sqrt{\dfrac{n}{\hat{S}^2}}$ は自由度 $(n-1)$ の t 分布に従う。

定理 4.11

正規分布 $N(\mu, \sigma^2)$ に従う母集団からの標本 $X_1, \cdots, X_n$ に対して，

$$\bar{x} - t_{n-1}\left(\frac{\alpha}{2}\right)\sqrt{\frac{\hat{s}^2}{n}} < \mu < \bar{x} + t_{n-1}\left(\frac{\alpha}{2}\right)\sqrt{\frac{\hat{s}^2}{n}}$$

は母平均 μ の信頼係数 γ の信頼区間である。（ただし，$\alpha = 1 - \gamma$）

《説明》 定理 4.10 は，正規母集団からの標本 $X_1, \cdots, X_n$ に対して，

$$Y = (\bar{X} - \mu)\sqrt{\frac{n}{\hat{S}^2}} = \frac{\bar{X} - \mu}{\sqrt{\dfrac{\hat{S}^2}{n}}}$$

とすると，確率変数 Y は下図のような自由度 $(n-1)$ の t 分布に従っていることを示している。この性質より

$$P\left(-t_{n-1}\left(\frac{\alpha}{2}\right) < (\bar{X} - \mu)\sqrt{\frac{n}{\hat{S}^2}} < t_{n-1}\left(\frac{\alpha}{2}\right)\right) = \gamma$$

なので（$t_{n-1}\left(\dfrac{\alpha}{2}\right)$ の値は下図参照），

$$P\left(\bar{X} - t_{n-1}\left(\frac{\alpha}{2}\right)\sqrt{\frac{\hat{S}^2}{n}} < \mu < \bar{X} + t_{n-1}\left(\frac{\alpha}{2}\right)\sqrt{\frac{\hat{S}^2}{n}}\right) = \gamma$$

が成立する。ゆえに，実現値による μ のこの範囲は信頼係数 γ の１つの信頼区間となる。　　　　（説明終）

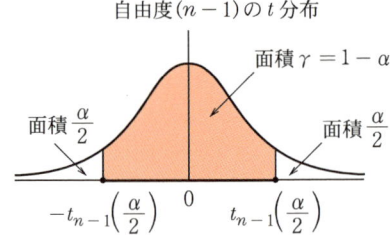

定理 4.12

正規分布 $N(\mu, \sigma^2)$ に従う母集団からの標本 $X_1, \cdots, X_n$ に対して，$\dfrac{(n-1)\widehat{S}^2}{\sigma^2}$ は自由度 $(n-1)$ の χ^2 分布に従う。

定理 4.13

正規分布 $N(\mu, \sigma^2)$ に従う母集団からの標本 $X_1, \cdots, X_n$ に対して，
$$\frac{(n-1)\widehat{s}^2}{\chi_{n-1}^2\left(\dfrac{\alpha}{2}\right)} < \sigma^2 < \frac{(n-1)\widehat{s}^2}{\chi_{n-1}^2\left(1-\dfrac{\alpha}{2}\right)}$$
は母分散 σ^2 の信頼係数 γ の信頼区間である。(ただし，$\alpha = 1 - \gamma$)

《**説明**》 定理 4.12 も証明なしで紹介しておく。この性質を用いて母分散 σ^2 の信頼区間を求める。つまり

$$P\left(\chi_{n-1}^2\left(1-\frac{\alpha}{2}\right) < \frac{(n-1)\widehat{S}^2}{\sigma^2} < \chi_{n-1}^2\left(\frac{\alpha}{2}\right)\right) = \gamma$$

なので ($\chi_{n-1}^2\left(1-\dfrac{\alpha}{2}\right)$ と $\chi_{n-1}^2\left(\dfrac{\alpha}{2}\right)$ の値については下図参照)

$$P\left(\frac{(n-1)\widehat{S}^2}{\chi_{n-1}^2\left(\dfrac{\alpha}{2}\right)} < \sigma^2 < \frac{(n-1)\widehat{S}^2}{\chi_{n-1}^2\left(1-\dfrac{\alpha}{2}\right)}\right) = \gamma$$

が成立する。ゆえに，実現値による σ^2 のこの範囲は信頼係数 γ の 1 つの信頼区間となる。 (説明終)

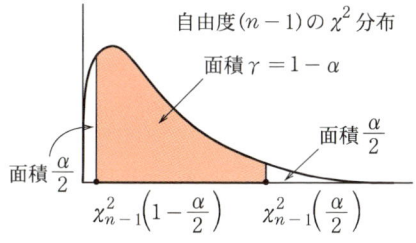

$$\overline{X} = \frac{1}{n}\sum_{i=1}^n X_i$$
$$\widehat{S}^2 = \frac{1}{n-1}\sum_{i=1}^n (X_i - \overline{X})^2$$

例題 37

例題 36 (p. 133) と同じデータについて，(1) 母平均 μ と (2) 母分散 σ^2 の信頼係数 0.95 の信頼区間を求めてみよう。

解 例題 36 の結果より，標本平均，標本分散の実現値は
$$\bar{x} = 3.8371, \quad \hat{s}^2 = 0.0313$$
であり，

信頼係数 $\gamma = 0.95$

$\alpha = 1 - \gamma = 0.05$

自由度 $n = 7$

である。

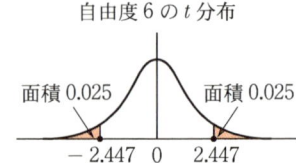

(1) 母平均 μ の区間推定

巻末 p. 210 の t 分布の表より
$$t_{n-1}\left(\frac{\alpha}{2}\right) = t_{7-1}\left(\frac{0.05}{2}\right) = t_6(0.025) = 2.447$$
なので
$$\mu \text{の下側限界} = 3.8371 - 2.447 \times \sqrt{\frac{0.0313}{7}} = 3.6735$$

$$\mu \text{の上側限界} = 3.8371 + 2.447 \times \sqrt{\frac{0.0313}{7}} = 4.0007$$

これより，μ の信頼係数 0.95 の信頼区間は次のとおり。
$$3.67 < \mu < 4.00$$

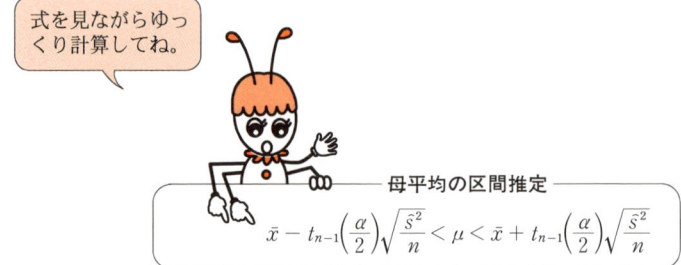

（2） 母分散 σ^2 の区間推定

巻末 p.211 の χ^2 分布の表より

$$\chi^2_{n-1}\left(\frac{\alpha}{2}\right) = \chi^2_{7-1}\left(\frac{0.05}{2}\right) = \chi^2_6(0.025) = 14.4494$$

$$\chi^2_{n-1}\left(1-\frac{\alpha}{2}\right) = \chi^2_{7-1}\left(1-\frac{0.05}{2}\right) = \chi^2_6(0.975) = 1.2373$$

なので

$$\sigma^2 \text{ の下側限界} = \frac{(7-1) \times 0.0313}{14.4494} = 0.0130$$

$$\sigma^2 \text{ の上側限界} = \frac{(7-1) \times 0.0313}{1.2373} = 0.1518$$

これより σ^2 の信頼係数 0.95 の信頼区間は次のとおり。

$$\boxed{0.013 < \sigma^2 < 0.152}$$

（解終）

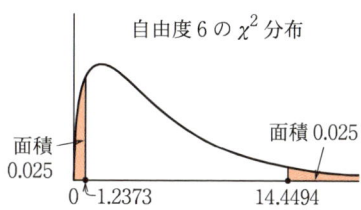

自由度 6 の χ^2 分布

―― 母分散の区間推定 ――

$$\frac{(n-1)\hat{s}^2}{\chi^2_{n-1}\left(\frac{\alpha}{2}\right)} < \sigma^2 < \frac{(n-1)\hat{s}^2}{\chi^2_{n-1}\left(1-\frac{\alpha}{2}\right)}$$

練習問題 37 解答は p.197

練習問題 36 (p.133) と同じデータについて，母平均 μ と母分散 σ^2 の 99% 信頼区間を求めなさい。

〈2〉 母比率の区間推定

定理 4.14

二項分布 $Bin(1, p)$ に従う母集団からの標本 $X_1, \cdots, X_n$ に対し，$P = \dfrac{1}{n}(X_1 + \cdots + X_n)$ とする。このとき，n が十分大きければ

$$Z = \frac{P - p}{\sqrt{\dfrac{p(1-p)}{n}}}$$

は，ほぼ $N(0, 1)$ に従う。

《説明》「人や物が，ある性質 A をもっているか，いないか」を調査する場合を考えよう。性質 A をもっているときには 1，もっていないときには 0 というラベルを貼ると考える（右ページ下図参照）と，調査対象は 0 と 1 からなる母集団とみなすことができる。そこから 5 個の標本 X_1, X_2, X_3, X_4, X_5 を取り出してラベルを調べたら

$$1, \quad 0, \quad 1, \quad 1, \quad 0$$

であったとすると，これらの数値は 5 つのうち 3 つは性質 A をもっていることを示している。そして，標本の中の性質 A をもっているものの数は標本値の和

$$X_1 + X_2 + X_3 + X_4 + X_5$$

で表わされ，平均

$$P = \frac{1}{5}(X_1 + X_2 + X_3 + X_4 + X_5)$$

は標本の中の性質 A をもっているものの割合を表している。

このように，ある性質をもっているかいないかで 1 か 0 のラベルをつけた母集団は**二項母集団**とよばれ，個々の標本は二項分布に従っている。 (説明終)

【略証明】 $P = \dfrac{1}{n}(X_1 + \cdots + X_n)$ は標本比率を実現値にもつ確率変数である。定理 2.7 (p. 56) より，二項分布 $Bin(1, p)$ に従う各 X_i について

$$E[X_i] = p, \quad V[X_i] = p(1-p)$$

なので，標本数 n が十分大きければ，中心極限定理 (p. 90，定理 2.23) より定理が示される。 (略証明終)

定理 4.15

二項分布 $Bin(1, p)$ に従う母集団からの標本 $X_1, \cdots, X_n$ に対し，n が十分大きければ，$P = \dfrac{1}{n}(X_1 + \cdots + X_n)$ の実現値 $\hat{p}$ に対し

$$\hat{p} - z\left(\frac{\alpha}{2}\right)\sqrt{\frac{\hat{p}(1-\hat{p})}{n}} < p < \hat{p} + z\left(\frac{\alpha}{2}\right)\sqrt{\frac{\hat{p}(1-\hat{p})}{n}}$$

は母比率 p の信頼係数 γ の信頼区間である。(ただし，$\alpha = 1 - \gamma$)

【略証明】 $z\left(\dfrac{\alpha}{2}\right)$ は p.121 と下図参照。定理 4.14 より

$$P\left(-z\left(\frac{\alpha}{2}\right) < \frac{P - p}{\sqrt{\frac{p(1-p)}{n}}} < z\left(\frac{\alpha}{2}\right)\right) \fallingdotseq \gamma$$

が成立する。( ) の中の不等式を変形すると

$$P - z\left(\frac{\alpha}{2}\right)\sqrt{\frac{p(1-p)}{n}} < p < P + z\left(\frac{\alpha}{2}\right)\sqrt{\frac{p(1-p)}{n}}$$

となるが，n が十分大きければ，P の実現値 $\hat{p}$ と母比率 p について

$$\frac{p(1-p)}{n} \fallingdotseq \frac{\hat{p}(1-\hat{p})}{n}$$

が成立することが示せるので，p の代わりに実現値 $\hat{p}$ を代用して

$$\hat{p} - z\left(\frac{\alpha}{2}\right)\sqrt{\frac{\hat{p}(1-\hat{p})}{n}} < p < \hat{p} + z\left(\frac{\alpha}{2}\right)\sqrt{\frac{\hat{p}(1-\hat{p})}{n}}$$

を母比率 p の信頼係数 $\gamma (= 1 - \alpha)$ の信頼区間とすることができる。

(略証明終)

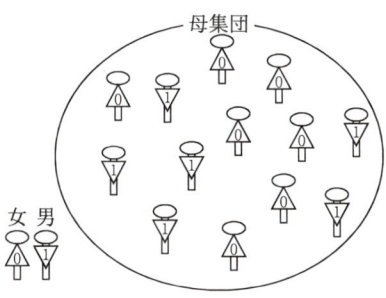

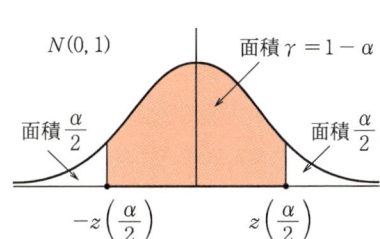

例題 38

インターネットの利用は急速に進んでいる。そこで，各家庭に，インターネットショッピングをしたことがあるかどうか電話アンケートを行ったところ，450世帯中，86世帯が「はい」と答えた。標本数は十分大きいと考えて，この結果より日本全体においてインターネットショッピングをしたことのある世帯数の比率を 95% 信頼区間で推定してみよう。

解 $\alpha = 1 - 0.95 = 0.05, \quad n = 450$

$$\hat{p} = \frac{86}{450} = 0.1911$$

$$z\left(\frac{\alpha}{2}\right) = z\left(\frac{0.05}{2}\right) = z(0.025)$$

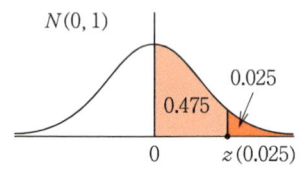

$N(0,1)$ の確率密度関数のグラフにおいて

$$P(0 \leq X \leq z(0.025)) = 0.5 - 0.025 = 0.475$$

なので，巻末 p.208～209 の数表より

$$z(0.025) = 1.96$$

と求まる（p.121, 例題 32 参照）。これを用いて

$$z\left(\frac{\alpha}{2}\right)\sqrt{\frac{\hat{p}(1-\hat{p})}{n}} = 1.96 \times \sqrt{\frac{0.1911(1 - 0.1911)}{450}} \fallingdotseq 0.0363$$

母比率の区間推定の式に代入して

$$0.1911 - 0.0363 < p < 0.1911 + 0.0363$$
$$0.1548 < p < 0.2274$$

ほぼ $\boxed{0.15 < p < 0.23}$ （解終）

だいたい 15% < p < 23% ということね。

練習問題 38　　解答は p.197

衆議員選挙の投票当日，無作為に選んだ投票所出口において，全国区は与党に投票したか野党に投票したか調査を行った。この結果，3010人中1632人が与党に投票したと答えた。この調査より，与党は何 % の票を獲得できるか，99% の信頼区間で推定しなさい。

===== 例題 39 =====

例題 38 において,信頼区間の幅を 0.02 未満にするには,標本数 n をいくつにしたらよいか求めてみよう。

解 母平均 p の区間推定の式より,区間の幅は

$$d = 2 \times z\left(\frac{\alpha}{2}\right)\sqrt{\frac{\hat{p}(1-\hat{p})}{n}}$$

である。この $\hat{p}$ は標本を抽出したときの実現値であるが,例題 38 で求めた標本比率の実現値で代用して

$$\hat{p} = 0.1911$$

とおくと,$\alpha = 0.05$ のとき

$$d = 2 \times z\left(\frac{0.05}{2}\right)\sqrt{\frac{0.1911(1-0.1911)}{n}}$$

$$= 2 \times 1.96 \times \sqrt{\frac{0.1545}{n}} < 0.02$$

なので,この式をみたす n を定めればよい。

$$\sqrt{\frac{0.1545}{n}} < \frac{0.02}{2 \times 1.96} \quad \text{より} \quad n > \left(\frac{2 \times 1.96}{0.02}\right)^2 \times 0.1545 \fallingdotseq 5935.3$$

したがって,標本数 n として $\boxed{6000}$ とすればよい。　　　　　　　　　　(解終)

母比率 p の区間推定

$$\hat{p} - z\left(\frac{\alpha}{2}\right)\sqrt{\frac{\hat{p}(1-\hat{p})}{n}} < p < \hat{p} + z\left(\frac{\alpha}{2}\right)\sqrt{\frac{\hat{p}(1-\hat{p})}{n}}$$

($\hat{p}$:標本比率の実現値)

練習問題 39　　　　　　　　　　　　　　　　　　　　解答は p.197

練習問題 38 において,信頼区間の幅を 0.015 未満にするには,標本数 n をいくつにしたらよいか求めなさい。

§3 検　　定

> **定義**
> 未知母数について
> $$\text{仮説 } H_0 : \theta = \theta_0$$
> を立て，この仮説のもとでのある推定量 $T(X_1, \cdots, X_n)$ の実現値により，仮説 H_0 の正否の判断を下す方法を**仮説の検定**という。

《**説明**》　未知母数 θ について
$$\text{仮説 } H_0 : \theta = \theta_0$$
を立てる。仮説が否（誤り）と判断された場合に採用する仮説 H_0 の否定を
$$\text{対立仮説 } H_1 : \theta \neq \theta_0$$
という。また，θ について何らかの情報がある場合や，変化を比べたい場合には対立仮説を
$$H_1 : \theta > \theta_0 \quad \text{や} \quad H_1 : \theta < \theta_0$$
にしてもよい。

$\theta = \theta_0$ という仮説のもとで作られた推定量 $T(X_1, \cdots, X_n)$ は**検定統計量**と呼ばれ，標本によりいろいろな値をとるが，その確率的な動きを使って仮説 H_0 の正否を判定する。つまり，もし標本の実現値による $T(x_1, \cdots, x_n)$ の値が，確率的にほとんど生じそうもない範囲（**棄却域**）の値なら仮説 $H_0 : \theta = \theta_0$ は誤りだと判断し，対立仮説 H_1 を採用する。また $T(x_1, \cdots, x_n)$ の値が確率的によく生じる範囲の値なら，仮説 H_0 を否定することはできない。いずれも確率的な判断なので，判断ミスを生じる可能性がある。

棄却域 R に $T(X_1, \cdots, X_n)$ が入る確率 α を**有意水準**または**危険率**という。棄却域は対立仮説 H_1 により異なり，棄却域の定め方により

$\quad H_1 : \theta \neq \theta_0 \qquad\qquad$ のとき　**両側検定**

$\quad H_1 : \theta > \theta_0$ または $\theta < \theta_0 \quad$ のとき　**片側検定**

と名前がついている。　　　　　　　　　　　　　　　　　（説明終）

1 母平均の検定

母平均 μ がある値 μ_0 かどうかを標本の実現値 $x_1, \cdots, x_n$ を使って検定する。
$$\text{仮説 } H_0 : \mu = \mu_0$$
のもとでは,定理 4.10(p.136)より,正規母集団からの標本 $X_1, \cdots, X_n$ について
$$T(X_1, \cdots, X_n) = (\bar{X} - \mu_0)\sqrt{\frac{n}{S^2}} \text{ は自由度 } (n-1) \text{ の } t \text{ 分布に従う}$$
ので,この推定量を検定統計量として使う。

対立仮説は,状況に応じて

(ⅰ) $H_1 : \mu \neq \mu_0$ (両側検定)

(ⅱ) $H_1 : \mu > \mu_0$ (右側検定)

(ⅲ) $H_1 : \mu < \mu_0$ (左側検定)

のいずれか1つを立てる。

有意水準を α としたとき,棄却域 R は

(ⅰ) $R : T < -t_{n-1}\left(\dfrac{\alpha}{2}\right)$ or $t_{n-1}\left(\dfrac{\alpha}{2}\right) < T$

(ⅱ) $R : T > t_{n-1}(\alpha)$

(ⅲ) $R : T < -t_{n-1}(\alpha)$

である(右図の色で示した範囲)。ただし,T は標本の実現値に対する検定統計量の実現値である。

例題で,具体的に検定してみよう。

(ⅰ) 両側検定の棄却域
自由度 $(n-1)$ の t 分布

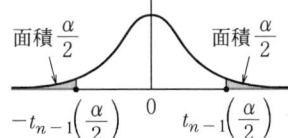

(ⅱ) 右側検定の棄却域
自由度 $(n-1)$ の t 分布

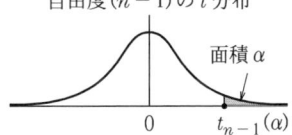

(ⅲ) 左側検定の棄却域
自由度 $(n-1)$ の t 分布

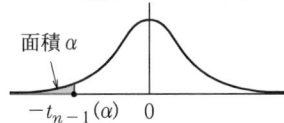

―― 検定の手順 ――
1. 有意水準の設定
2. 仮説 H_0,対立仮説 H_1 の設定
3. 検定統計量の算出
4. 棄却域 R の設定
5. 判定

例題 40

右のデータは，N フィットネスクラブのダイエットコースに所属している人達の BMI 値の標本である。このコースに所属している男性全員の平均 μ は 24.2 であるかどうか，有意水準 0.05 で両側検定してみよう。ただし，母集団は正規分布に従っているものとする。

BMI(kg/m²)

ダイエットコース

男性	女性
23.5	22.5
25.7	22.3
27.2	23.2
25.8	25.8
26.3	24.1
25.8	25.1
23.5	22.5
28.4	25.7
29.5	

解 はじめに男性 9 人のデータより基本統計量を求めておこう。右の表計算の結果を使って

$$\bar{x} = \frac{1}{9} \times 235.7 = 26.1889$$

$$\hat{s}^2 = \frac{1}{9-1}(6204.61 - 9 \times 26.1889^2)$$

$$= 3.9855$$

次に，手順に従って母平均の検定を行う。

1. 有意水準　$\alpha = 0.05$
2. 仮説 $H_0 : \mu = 24.2$
   対立仮説 $H_1 : \mu \neq 24.2$
   （何も情報がないので，仮説 H_0 を否定）
3. 母平均の検定統計量 T の式に実現値を代入して

$$T = (26.1889 - 24.2)\sqrt{\frac{9}{3.9855}}$$

$$= 2.9888$$

$$\fallingdotseq 2.989$$

男性

x	x^2
23.5	552.25
25.7	660.49
27.2	739.84
25.8	665.64
26.3	691.69
25.8	665.64
23.5	552.25
28.4	806.56
29.5	870.25
Σ　235.7	6204.61

―― 標本平均，標本分散 ――
$$\bar{x} = \frac{1}{n}\sum_{i=1}^{n} x_i$$
$$\hat{s}^2 = \frac{1}{n-1}\left\{\sum_{i=1}^{n} x_i^2 - n\bar{x}^2\right\}$$
―― 実現値 ――

―― 母平均の検定統計量 ――
$$T = (\bar{X} - \mu_0)\sqrt{\frac{n}{\hat{S}^2}}$$
自由度 $(n-1)$ の t 分布に従う
―― 確率変数 ――

4. 検定統計量 T は自由度 $8(=9-1)$ の t 分布に従う。

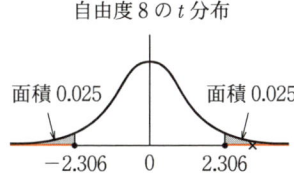

両側検定なので，左右両側に棄却域 R を設ける。巻末の数表（p.210）より

$$t_{n-1}\left(\frac{\alpha}{2}\right) = t_8\left(\frac{0.05}{2}\right) = t_8(0.025) = 2.306$$

なので棄却域 R は

$$R : T < -2.306 \quad \text{or} \quad 2.306 < T$$

（右上図の色で示した範囲）

5. 手順3で求めた T の実現値 2.989 は棄却域 R に入っている（図×印）ので

$$\text{仮説 } H_0 : \mu = 24.2$$

は棄てられ

$$\text{対立仮説 } H_1 : \mu \neq 24.2$$

が採用される。

(解終)

(注) 検定統計量 T の実現値は，本書巻末数表の表示に合わせて丸め，棄却限界と比較した。以後，検定統計量の実現値は同様に処理するものとする。

──── **検定の手順** ────
1. 有意水準 α の設定
2. 仮説 H_0，対立仮説 H_1 の設定
3. 検定統計量の算出
4. 棄却域 R の設定
5. 判定

練習問題 40　　解答は p.198

例題 40 のデータを用いて，ダイエットコースに所属している女性全員の平均は 25.0 であるかどうか，有意水準 0.01 で両側検定しなさい。

例題 41

ダイエットコースに所属している男性は，お腹の出ている人が多いとの情報がインストラクターから寄せられている。この情報を加味し，このコースに所属している男性の平均が 25.0 かどうか，例題 40（p.146）の標本を使い，有意水準 0.01 で片側検定をしてみよう。

[解] 例題 40 の計算結果により

$$\bar{x} = 26.1889, \quad \hat{s}^2 = 3.9855$$

1．有意水準　$\alpha = 0.01$
2．　仮説 $H_0 : \mu = 25.0$
　　対立仮説 $H_1 : \mu > 25.0$　（インストラクターの情報より）
3．検定統計量は

$$T = (26.1889 - 25.0)\sqrt{\frac{9}{3.9855}}$$

$$= 1.7866 \fallingdotseq 1.787$$

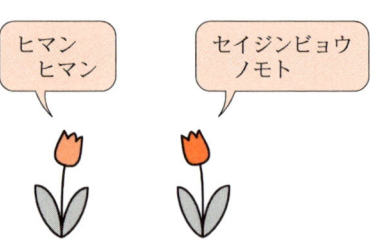

ヒマンヒマン

セイジンビョウノモト

―― 検定の手順 ――
1．有意水準 α の設定
2．仮説 H_0，対立仮説 H_1 の設定
3．検定統計量の算出
4．棄却域 R の設定
5．判定

―― 母平均の検定統計量 ――
$$T = (\bar{X} - \mu_0)\sqrt{\frac{n}{\hat{S}^2}}$$
自由度 $(n-1)$ の t 分布に従う
―― 確率変数 ――

4．母平均 $\mu > 25.0$ と予想されるので，標本の数値も 25.0 以上，したがって平均の実現値 $\bar{x}$ も 25.0 以上である確率が高く，$T > 0$ となる確率も高くなる。そこで，棄却域として右側の部分のみで確率 0.01 となる範囲を棄却域 R として設定する（右側検定）。巻末の数表（p.210）より

$$t_{n-1}(\alpha) = t_8(0.01) = 2.896$$

なので棄却域 R は

$$R : T > 2.896 \quad \text{(下図色の部分)}$$

5．手順 3 で求めた $T = 1.787$ は R には入っていないので，

$$\text{仮説 } H_0 : \mu = 25.0$$

は棄てられず，このデータからは，$\mu = 25.0$ を否定することはできない。

(解終)

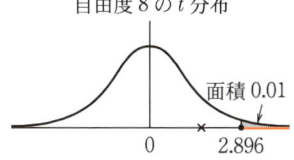

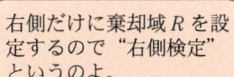

練習問題 41　　　　　　　　　　　　　　　　　解答は p.198

インストラクターの情報では，ダイエットコースに所属している女性は，特にダイエットが必要と思われる人は少ないそうである。この情報をもとに，女性の平均が 25.0 かどうかを例題 40 の標本を使い，有意水準 0.05 で片側検定しなさい。

プラシーボ効果って何？

　世の中には暗示にかかりやすい人とかかりにくい人がいます。あなたはどちらですか？

　新薬開発の最終段階では，被験者を募り，その人たちに薬を飲んでもらい，何％の人にどのぐらいの効果が現れるか，副作用はどうかなどのデータを集めます。被験者は"新薬だから効くに違いない"と思うのが普通でしょう。そしてたとえ何の効果もない"もの"を飲んでも実際に症状が改善されたり，効果が出たりします。このような効果を**プラシーボ効果**といいます。

　このプラシーボ効果の影響をできるだけ小さくするために，次のように実験します。はじめに被験者を2つのグループに分けます。そして，一方のグループ（実験群）には真の新薬を飲んでもらい，もう一方のグループ（対象群）には小麦粉など体内に入ってもまったく何の効果も期待されない"もの"を飲んでもらいます。このとき，ビタミン剤などを飲んでもらうと，その効果が出てしまう恐れがあるので，避けます。さらに，実験を担当している人が誰が何を飲んだかを知っている場合には，データを取るときに"きっと効果が出ているはずだ"と思ってしまいがちです。このことを実験者バイアスといいます。つまり，実験者にも，被験者にもバイアスが出てしまいます。

　治験の際，被験者だけに何も知らせず，薬と薬と思われるものを飲んでもらう方法を single-blind experiment といい，実験者と被験者両方とも誰が何を飲んだか知らせない方法を double-blind experiment といいます。

　このように，人が関係してデータをとる場合には，バイアスが入ることをあらかじめ知り，バイアスをなるべく小さくする工夫が必要です。

2 母平均の差の検定

2つの母集団の平均を比較したいとき，母平均の差の検定が使われる。もととなるのは次の定理である。

定理 4.16

分散が等しい2つの正規分布 $N(\mu_x, \sigma^2)$, $N(\mu_y, \sigma^2)$ に従う母集団からの標本 $X_1, \cdots, X_m$; $Y_1, \cdots, Y_n$ について

$$\frac{(\bar{X} - \bar{Y}) - (\mu_x - \mu_y)}{\sqrt{\left(\frac{1}{m} + \frac{1}{n}\right)\hat{S}^2}}$$

は自由度 $(m+n-2)$ の t 分布に従う。

ただし，$\hat{S}^2 = \dfrac{(m-1)\hat{S}_x^2 + (n-1)\hat{S}_y^2}{m+n-2}$ （分散の平均）

$\bar{X}, \hat{S}_x^2$ は $X_1, \cdots, X_m$ の標本平均，標本分散

$\bar{Y}, \hat{S}_y^2$ は $Y_1, \cdots, Y_n$ の標本平均，標本分散

《説明》 証明は省略する。

この定理をもとにして，2つの母集団の母平均に差があるかどうかを検定する。

$$\text{仮説 } H_0 : \mu_x = \mu_y$$

のもとでは，この定理より

$$T(X_1, \cdots, X_m ; Y_1, \cdots, Y_n) = \frac{\bar{X} - \bar{Y}}{\sqrt{\left(\frac{1}{m} + \frac{1}{n}\right)\hat{S}^2}}$$

は自由度 $(m+n-2)$ の t 分布に従うので，この推定量を検定統計量として使う。対立仮説は状況に応じて

(ⅰ) $H_1 : \mu_x \neq \mu_y$ （両側検定）

(ⅱ) $H_1 : \mu_x < \mu_y$ （左側検定）

(ⅲ) $H_1 : \mu_x > \mu_y$ （右側検定）

のいずれかを立てる。

棄却域 R の決め方は母平均の検定と同じである。 （説明終）

例題 42

右はダイエットコースに入会した当時の女性のBMIの標本と6カ月後にあらためて抽出した標本である。

入会時と6カ月後の数値に差があるかどうか，有意水準 0.01 で両側検定してみよう。ただし，入会時と6カ月後の BMI は分散が等しい正規分布に従っているものとする。

女性

入会時	6カ月後
22.5	21.5
22.3	21.0
23.2	21.9
25.8	24.1
24.1	23.3
25.1	23.8
22.5	21.4
25.7	24.2
	22.3

解 6カ月後にあらためて標本を取り直したことに注意しよう。はじめに基本統計量を求めておく。

入会時の値は練習問題 40 の結果より

$$\bar{x} = 23.9, \quad \hat{s}_x^2 = 2.1857$$

6カ月後の結果は，右の表計算結果を用いて

$$\bar{y} = \frac{1}{9} \times 203.5 = 22.6111$$

$$\hat{s}_y^2 = \frac{1}{9-1}(4613.89 - 9 \times 22.6111^2) = 1.5667$$

これらより分散の平均を求めると（$m=8$, $n=9$）

$$\hat{s}^2 = \frac{(8-1) \times 2.1857 + (9-1) \times 1.5667}{8+9-2}$$
$$= 1.8556$$

女性6カ月後

y	y^2
21.5	462.25
21.0	441.00
21.9	479.61
24.1	580.81
23.3	542.89
23.8	566.44
21.4	457.96
24.2	585.64
22.3	497.29
203.5	4613.89

分散

$$\hat{s}_y^2 = \frac{1}{n-1}\left(\sum_{i=1}^n y_i^2 - n\bar{y}^2\right)$$

実現値

分散の平均

$$\hat{s}^2 = \frac{(m-1)s_x^2 + (n-1)s_y^2}{m+n-2}$$

実現値

母平均の差の検定統計量

$$T = \frac{\bar{X} - \bar{Y}}{\sqrt{\left(\dfrac{1}{m}+\dfrac{1}{n}\right)\hat{S}^2}}$$

自由度 $(m+n-2)$ の t 分布に従う

確率変数

検定の手順

1. 有意水準 α の設定
2. 仮説 H_0，対立仮説 H_1 の設定
3. 検定統計量の算出
4. 棄却域 R の設定
5. 判定

次に，検定の手順にそって検定を行う。

1．有意水準 $\alpha = 0.01$
2．　仮説 $H_0: \mu_x = \mu_y$　（母平均は等しい）
　　対立仮説 $H_1: \mu_x \neq \mu_y$　（何も情報がないので，仮説 H_0 を否定）
3．検定統計量 T は

$$T = \frac{23.9 - 22.6111}{\sqrt{\left(\frac{1}{8} + \frac{1}{9}\right) \times 1.8556}} = 1.9472 \fallingdotseq 1.947$$

4．検定統計量 T は自由度15（＝8＋9－2）の t 分布に従う。両側検定なので左右両側に棄却域 R を設ける。巻末の数表（p.210）より

$$t_{m+n-2}\left(\frac{\alpha}{2}\right) = t_{15}\left(\frac{0.01}{2}\right)$$
$$= t_{15}(0.005) = 2.947$$

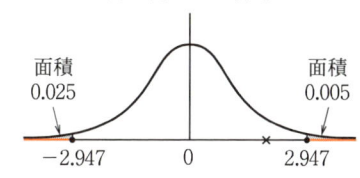

なので
　　$R: T < -2.947$　or　$2.947 < T$
　　（上図色の部分）

5．T の値は R に入っていない（図×印）ので

　　　仮説 $H_0: \mu_x = \mu_y$

は棄却されない。

$\alpha = 0.01$ では明らかな効果は見られなかったということね。

キビシイ！

つまり $\mu_1 = \mu_2$ ということを否定することはできず，**有意な差**はないと判断される。　（解終）

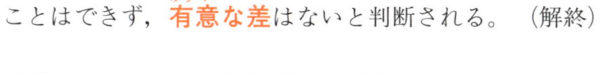

練習問題 42　　　解答は p.199

右はダイエットコースに入会した当時の男性のBMIの標本と6カ月後にあらためて抽出した標本である。入会時と6カ月後の数値に差があるかどうか有意水準0.05で両側検定しなさい。ただし，入会時と6カ月後のBMIは分散が等しい正規分布に従っているものとする。

男性

入会時	6カ月後
23.5	22.7
25.7	26.5
27.2	24.3
25.8	26.5
26.3	25.0
25.8	23.0
23.5	26.3
28.4	27.5
29.5	

例題 43

例題 42 のデータについて，女性は効果が期待できそうだとのインストラクターの情報を得た。女性について，ダイエットの効果があったかどうか，有意水準 0.05 で片側検定してみよう。

[解]

1. 有意水準 $\alpha = 0.05$
2. 　　仮説 $H_0 : \mu_x = \mu_y$
　　対立仮説 $H_1 : \mu_x > \mu_y$
　　（インストラクターの情報より）

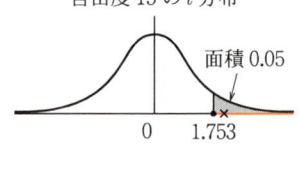

― 検定の手順 ―
1. 有意水準 α の設定
2. 仮説 H_0，対立仮説 H_1 の設定
3. 検定統計量の算出
4. 棄却域 R の設定
5. 判定

3. 検定統計量 T の実現値は例題 42 と同じ
$$T = 1.947$$

4. インストラクターの情報より入会時の標本より 6 カ月後の標本の方が平均が小さい確率が高いので，$T > 0$ となる確率が高い。したがって，棄却域 R を右側のみに設定する。
$$t_{m+n-1}(\alpha) = t_{15}(0.05) = 1.753$$
より
　$R : T > 1.753$ 　（図色の部分）

5. 手順 3 の T の実現値は R に入っている（図×印）ので
　　仮説 $H_0 : \mu_x = \mu_y$
は棄てられ，
　　対立仮説 $H_1 : \mu_x > \mu_y$
が採用される。　　　　　（解終）

練習問題 43　　　　　　　　　解答は p.199

練習問題 42 のデータについて，男性も少しは効果が見込まれる，とのインストラクターからの報告があった。男性について効果があったかどうか，有意水準 0.01 で片側検定しなさい。

3 等分散性の検定

母平均の差の検定では,比較したい2つの母集団は,分散が等しい正規分布に従っていることを仮定した。母平均もわからないのに母分散についての情報も望めない。そこで,分散が等しいかどうかのある程度の保証を得るために,等分散性の検定を行う。もととなるのは次の定理である。

定理 4.17

分散が等しい2つの正規分布 $N(\mu_x, \sigma^2)$, $N(\mu_y, \sigma^2)$ に従う母集団からの標本
$$X_1, \cdots, X_m ; Y_1, \cdots, Y_n$$
に対し,標本分散の比
$$F = \frac{\widehat{S}_x{}^2}{\widehat{S}_y{}^2}$$
は自由度 $(m-1, n-1)$ の F 分布に従う。

《説明》 証明は略す。

この定理をもとにして,それぞれ正規分布 $N(\mu_1, \sigma_x{}^2)$, $N(\mu_2, \sigma_y{}^2)$ に従う2つの母集団の分散 $\sigma_x{}^2$ と $\sigma_y{}^2$ に差があるかどうかを検定する。

$$仮説\ H_0 : \sigma_x{}^2 = \sigma_y{}^2$$

のもとで,この定理より

$$F(X_1, \cdots, X_m ; Y_1, \cdots, Y_n) = \frac{\widehat{S}_x{}^2}{\widehat{S}_y{}^2}$$

は自由度 $(m-1, n-1)$ の F 分布に従うので,この推定量を検定統計量として使う。また,この検定はおもに分散が等しいと仮定できるかどうかの基準に使われるので,通常対立仮説は

$H_1 : \sigma_x{}^2 \neq \sigma_y{}^2$ (両側検定)

である。 (説明終)

検定の手順

1. 有意水準 α の設定
2. 仮説 H_0,対立仮説 H_1 の設定
3. 検定統計量の算出
4. 棄却域 R の設定
5. 判定

例題 44

例題 42 における女性のデータについて，入会時と 6 カ月後の分散に差がないと言えるかどうかを有意水準 0.01 で検定してみよう。

[解] 例題 42 の結果より

$$\hat{s}_x^2 = 2.1857, \qquad \hat{s}_y^2 = 1.5667$$

である。

1．有意水準 $\alpha = 0.01$
2．　　仮説 $H_0 : \sigma_x^2 = \sigma_y^2$
　　　対立仮説 $H_1 : \sigma_x^2 \neq \sigma_y^2$
3．検定統計量 F は

$$F = \frac{\hat{s}_x^2}{\hat{s}_y^2} = \frac{2.1857}{1.5667} = 1.3951$$

4．検定統計量 F は自由度 $(7, 8)$ の F 分布に従う。両側検定なので棄却域を両側に分ける。数表 (p.212〜215) より

$$F_{m-1, n-1}\left(\frac{\alpha}{2}\right) = F_{7,8}(0.005) = 7.6941$$

また，例題 35 (p.127) で練習したように

$$F_{m-1, n-1}\left(1 - \frac{\alpha}{2}\right) = F_{7,8}(0.995)$$

$$= \frac{1}{F_{8,7}(1 - 0.995)} = \frac{1}{F_{8,7}(0.005)} = \frac{1}{8.6781} \fallingdotseq 0.1152$$

$\therefore R : \quad 0 \leq F < 0.1152 \quad \text{or} \quad 7.6941 < F \quad$ （上図色の部分）

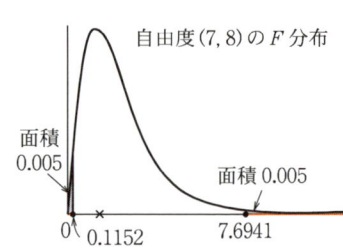

自由度 (7, 8) の F 分布
面積 0.005
面積 0.005
0　0.1152　　　7.6941

仮説 $\sigma_x^2 = \sigma_y^2$ が棄てられない，つまり積極的には否定できないとき，分散には差がないとして母平均の差の検定などを行います。

5．手順 3 で求めた検定統計量の実現値 1.3951 は棄却域 R に入っていない（図×印）ので，

仮説 $H_0 : \sigma_x^2 = \sigma_y^2$

は棄てられない。　　　　　　（解終）

$$\boxed{F_{m, n}(\alpha) = \frac{1}{F_{n, m}(1 - \alpha)}}$$

練習問題 44　　　　　　　　　　　解答は p.200

練習問題 42 における男性のデータについて，入会時と 6 カ月後の分散に差がないと言えるかどうかを有意水準 0.05 で検定しなさい。

4 母比率の検定

二項分布に従う標本の実現値 $x_1, \cdots, x_n$ より母比率 p が p_0 かどうかを検定する。もととなるのは区間推定のときと同様，定理 4.14（p.140）である。つまり，標本の数 n が十分大きければ

$$\text{仮説} \quad H_0 : p = p_0$$

のもとでは

$$Z(X_1, \cdots, X_n) = \frac{P - p_0}{\sqrt{\dfrac{p_0(1-p_0)}{n}}} \quad \text{は } N(0,1) \text{ に従う}$$

ので，この推定量を検定統計量として使う（ただし P は標本比率）。対立仮説は状況に応じて

(i)　　$H_1 : p \neq p_0$　（両側検定）

(ii)　　$H_1 : p > p_0$　（右側検定）

(iii)　　$H_1 : p < p_0$　（左側検定）

のいずれか 1 つを立てる。

有意水準を α とするとき，棄却域 R は

(i)　　$R : Z < -z\left(\dfrac{\alpha}{2}\right)$ or $z\left(\dfrac{\alpha}{2}\right) < Z$

(ii)　　$R : Z > z(\alpha)$

(iii)　　$R : Z < -z(\alpha)$

である。

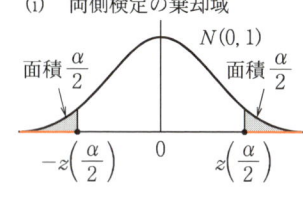

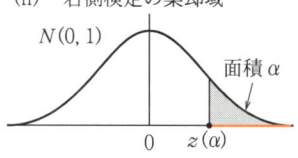

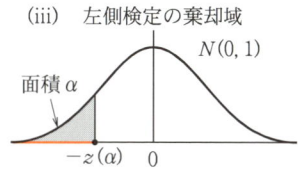

この検定方法は $np_0 > 5$ なら，使ってよいと言われています。

例題 45

喫煙は健康への影響が大であることはよく知られているが，なかなか止められない人が多い。40代，50代の男性500人にアンケートを行った結果，283人が現在も習慣的に喫煙しているとの結果であった。この結果より，40代，50代の男性の半数以上が現在も習慣的に喫煙していると言えるかどうか，有意水準0.01で検定してみよう。

[解] アンケート結果より

$$n = 500$$

$$\hat{p} = \frac{283}{500} = 0.566$$

（標本比率 P の実現値）

である。

母比率 $p = 0.5$ かどうか，検定を行う。

――― 検定の手順 ―――
1. 有意水準 α の設定
2. 仮説 H_0，対立仮説 H_1 の設定
3. 検定統計量の算出
4. 棄却域 R の設定
5. 判定

1．有意水準 $\alpha = 0.01$
2．　仮説 $H_0 : p = 0.5$　（喫煙習慣者はちょうど半分）
　　対立仮説 $H_1 : p > 0.5$　（喫煙習慣者は半分より多い）
3．検定統計量 Z を求める（$p_0 = 0.5$）

$$Z = \frac{0.566 - 0.5}{\sqrt{\dfrac{0.5(1 - 0.5)}{500}}} = 2.9516 \fallingdotseq 2.95$$

――― 母比率の検定統計量 ―――
$$Z = \frac{P - p_0}{\sqrt{\dfrac{p_0(1 - p_0)}{n}}}$$
n が大きいとき，ほぼ $N(0, 1)$ に従う
――― 確率変数 ―――

4．「対立仮説 $H_1: p > 0.5$」より標本比率は 0.5 より大きくなる確率が高いので，棄却域 R を右側に設定する（右側検定）。

　　巻末 $N(0,1)$ の数表（p.208）より
　　　　$z(0.01) = 2.33$　（p.121，例題 32 参照）
　　したがって
　　　　$R: z > 2.33$　（右下図色の部分）

5．手順 3 で求めた Z の実現値は 2.95 なので R に入っている（右図×印）。したがって
　　　　仮説　　$H_0: p = 0.5$
　　は棄却され，
　　　　対立仮説　$H_1: p > 0.5$
　　が採用され，
　　　　40 代，50 代の男性の半数以上が
　　　　現在も習慣的に喫煙している
　　と結論づけられる。　　　　　（解終）

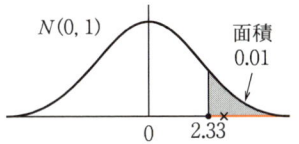

$N(0,1)$ の数表は
なので気をつけてね。

練習問題 45　　　　　　　解答は p.200

ガラスコップを製造している G 社の製造工場では，機械の性能上どうしても 12% 位の不良品が出ることはやむを得ない。しかし，工場長の話しでは最近，不良品が増えているらしいとのことである。昨日は製品 1550 個のうち 215 個の不良品が見つかっている。機械の性能が落ちたと言えるかどうか有意水準 0.05 で検定しなさい。

5 無相関の検定

2変量のデータについては，散布図や相関係数を求めて2つの変量間の関係を調べた（p. 108）。

ここでは2変量データを，母集団からの標本とし，標本の相関係数を用いて母集団の相関係数（母相関係数）についての検定方法を勉強しよう。もととなるのは次の定理である。

定理 4.18

母相関係数が 0 である2次元正規母集団 $N(\mu_1, \mu_2, \sigma_1^2, \sigma_2^2, 0)$ からの大きさ n の標本

$$(X_1, Y_1), \ (X_2, Y_2), \ \cdots, \ (X_n, Y_n)$$

の標本相関係数を R とするとき，

$$T = \frac{\sqrt{n-2}\,R}{\sqrt{1-R^2}}$$

は自由度 $(n-2)$ の t 分布に従う。

《説明》 証明は省略する。2次元正規母集団とは，"身長と体重" などのように2つの数値のペア (x, y) からなっていて，(x, y) は2次元正規分布 $N(\mu_1, \mu_2, \sigma_1^2, \sigma_2^2, \rho)$ （p. 88）に従っている母集団のことである。ρ は母相関係数で，上記の定理は $\rho = 0$ の場合である。

標本相関係数 R は標本を使って求めた相関係数のことで，次式で与えられる。

$$R = \frac{S_{xy}}{S_x S_y}$$

ただし，
$$S_x^2 = \frac{1}{n}\sum_{i=1}^{n}(X_i - \bar{X})^2$$

$$S_y^2 = \frac{1}{n}\sum_{i=1}^{n}(Y_i - \bar{Y})^2$$

$$S_{xy} = \frac{1}{n}\sum_{i=1}^{n}(X_i - \bar{X})(Y_i - \bar{Y})$$

$n-1$ で割る標本分散を用いても R の値は同じよ。

確率変数である R は母相関係数 ρ の一致推定量となっていて，R の実現値は第3章 §4 で勉強した相関係数 r（p. 110）と求め方はまったく同じである。

この定理をもとに，2次元母集団の母相関係数 ρ が 0 かどうか，つまり 2 変量 X と Y には相関があるかどうかを検定する．

$$\text{仮説}\quad H_0: \rho = 0 \quad (\text{相関はない})$$

のもとで，この定理より

$$T = \frac{\sqrt{n-2}\,R}{\sqrt{1-R^2}}$$

は自由度 $(n-2)$ の t 分布に従うので，この推定量 T を検定統計量として使う．対立仮説は状況に応じて

$$\text{対立仮説}\ H_1: \begin{cases} \rho \neq 0 & (\text{両側検定})\quad(\text{相関がある}) \\ \rho > 0 & (\text{右側検定})\quad(\text{正の相関がある}) \\ \rho < 0 & (\text{左側検定})\quad(\text{負の相関がある}) \end{cases}$$

である．

　上記仮説 $\rho = 0$（相関はない）とはどういうことだろう．

　相関係数は，2 変量 (X, Y) の X と Y の間に直線的な傾向がどのぐらいあるかの指標であった．したがって

$$\rho = 0 \iff X \text{ と } Y \text{ に直線的な傾向はない}$$

を意味する．特に，2次元正規母集団の母相関係数 ρ については

$$\rho = 0 \iff X \text{ と } Y \text{ は互いに独立}$$

ということがいえるので，独立性の検定にも使われる． （説明終）

$\rho = 0$?　　　　　　　　　$\rho > 0$?

例題 46

右の表はある病院の成人病外来に来た人のデータである。かねてから BMI 値と中性脂肪値との間にはある程度の正の相関があるのではないかと言われていた。このデータをもとに相関があるかどうか有意水準 0.05 で検定せよ。ただし，母集団は 2 次元正規分布に従っているものとする。

中性脂肪と BMI

名前	BMI	中性脂肪 (mg/dl)
A	23.5	163
B	25.7	137
C	27.2	196
D	25.8	74
E	26.3	128
F	25.8	95
G	23.5	65
H	28.4	144
I	29.5	205

解 中性脂肪と BMI の散布図は右下のようになる。基本統計量を求めるために，下記の表計算をしておく。(ただし，x：BMI，y：中性脂肪)

	x	y	x^2	y^2	xy
	23.5	163	552.25	26569	3830.5
	25.7	137	660.49	18769	3520.9
	27.2	196	739.84	38416	5331.2
	25.8	74	665.64	5476	1909.2
	26.3	128	691.69	16384	3366.4
	25.8	95	665.64	9025	2451.0
	23.5	65	552.25	4225	1527.5
	28.4	144	806.56	20736	4089.6
	29.5	205	870.25	42025	6047.5
Σ	235.7	1207	6204.61	181625	32073.8

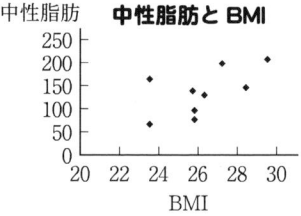

表計算の結果を用いて，各変量の平均，分散（一致推定量の方）を求める。

$$\bar{x} = \frac{1}{9} \times 235.7 = 26.1889$$

$$\bar{y} = \frac{1}{9} \times 1207 = 134.1111$$

$$s_x^2 = \frac{1}{9} \times 6204.61 - 26.1889^2$$
$$= 3.5426$$

$$s_y^2 = \frac{1}{9} \times 181625 - 134.1111^2$$
$$= 2194.7684$$

―― 平均 ――
$$\bar{x} = \frac{1}{n}\sum_{i=1}^{n} x_i, \quad \bar{y} = \frac{1}{n}\sum_{i=1}^{n} y_i$$
―― 実現値 ――

―― 分散（一致推定量）――
$$s_x^2 = \frac{1}{n}\sum_{i=1}^{n}(x_i - \bar{x})^2 = \frac{1}{n}\sum_{i=1}^{n} x_i^2 - \bar{x}^2$$
$$s_y^2 = \frac{1}{n}\sum_{i=1}^{n}(y_i - \bar{y})^2 = \frac{1}{n}\sum_{i=1}^{n} y_i^2 - \bar{y}^2$$
―― 実現値 ――

つづいて，共分散と相関係数（ともに一致推定量）の実現値を求めると

$$s_{xy} = \frac{1}{9} \times 32073.8 - 26.1889 \times 134.1111$$
$$= 51.5334$$

$$r = \frac{s_{xy}}{s_x s_y} = \frac{51.5334}{\sqrt{3.5426}\sqrt{2194.7684}} = 0.5844$$

―― 共分散（一致推定量）――
$$s_{xy} = \frac{1}{n}\sum_{i=1}^{n}(x_i - \bar{x})(y_i - \bar{y})$$
$$= \frac{1}{n}\sum_{i=1}^{n} x_i y_i - \bar{x}\bar{y}$$
―― 実現値 ――

それでは検定を始めよう。

1．有意水準 $\alpha = 0.05$
2．　　仮設 $H_0 : \rho = 0$　（相関はない）
　　　対立仮説 $H_1 : \rho > 0$　（正の相関がある）
3．検定統計量 T を求める。

$$T = \frac{\sqrt{9-2} \times 0.5844}{\sqrt{1 - 0.5844^2}}$$
$$= 1.9054 ≒ 1.905$$

―― 相関係数（一致推定量）――
$$r = \frac{s_{xy}}{s_x s_y}$$
―― 実現値 ――

―― 相関係数の検定統計量 ――
$$T = \frac{\sqrt{n-2}R}{\sqrt{1-R^2}}$$
自由度 $(n-2)$ の t 分布に従う。
―― 確率変数 ――

4．かねてから情報を考慮し，右側検定
　　を行ってみよう。
　　　　$t_{n-2}(\alpha) = t_7(0.05) = 1.895$
　　より棄却域 R は
　　　　$R : 1.895 < T$　（図の色の部分）
5．手順3で求めた検定統計量 T は R に入っ
　　ている（右図×印）ので，仮説は棄てられ
　　　　対立仮説 $H_1 : \rho > 0$　（正の相関がある）
　　が採用される。

自由度7の t 分布
面積0.05
0　1.895

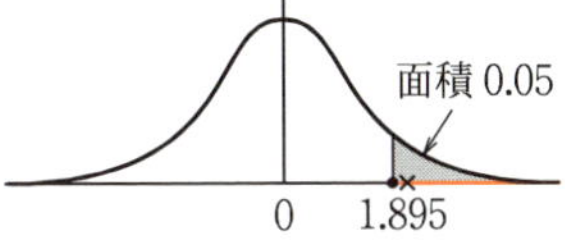

（解終）

練習問題 46　　解答は p.201

右は発展途上国のデータである。かねてから
教育の普及は乳児死亡率を減少させると言われ
てきた。識字率と乳児死亡率の間に相関がある
かどうか，有意水準 0.01 で検定しなさい。

発展途上国の識字率と乳児死亡率

国名	識字率(%)	乳児死亡率(%)
アフガニスタン	29	17
イラク	60	7
トルコ	81	5
カンボジア	35	11
インドネシア	77	7
インド	52	8
パキスタン	35	10

§4 回帰分析

1 回帰直線と決定係数

対応のある2変量のデータ解析には，p.108 で学んだように散布図と相関係数を求め，データの分布に直線的な傾向があるかないかを調べた。また，2変量のデータが母集団からの標本の場合には，無相関の検定も行った。

ここでは n 個の対応した観測値

$$(x_1, y_1), (x_2, y_2), \cdots, (x_n, y_n)$$

の間に直線的な傾向があると思われるとき，近似的に x_i と y_i の値に1次の関係式

$$y_i = a x_i + b \quad (a, b \text{ は定数})$$

が成立するような定数 a と b を推定しよう。

つまり，n 個の点の分布に一番近い直線を見つけ出すのである。もし2変量の x と y に

$$y = ax + b$$

という直線の関係が存在しているとすると，$x = x_i$ のとき，観測値 y_i と，本当の値 $\hat{y}_i (= a x_i + b)$ との間には誤差が生ずる。(もちろん誤差0の場合もある。)

そこで (誤差)² を全部加えて

$$\varDelta = \sum_{i=1}^{n}(y_i - \hat{y}_i)^2 = \sum_{i=1}^{n}\{y_i - (a x_i + b)\}^2$$

としておく。この $\varDelta$ はデータを直線で近似した場合のすべての (誤差)² の和である。

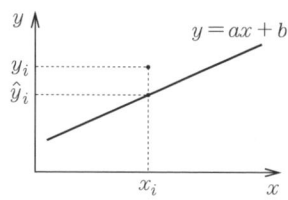

===== 定理 4.19 =====

n 個の対 (x_i, y_i) $(i=1, 2, \cdots, n)$ に対し

$$\varDelta = \sum_{i=1}^{n} \{y_i - (a x_i + b)\}^2$$

の値を最小にする a, b は

$$a = \frac{s_{xy}}{s_x^2}, \quad b = \bar{y} - a\bar{x}$$

である。

===== 平均 =====

$$\bar{x} = \frac{1}{n} \sum_{i=1}^{n} x_i$$

$$\bar{y} = \frac{1}{n} \sum_{i=1}^{n} y_i$$

===== 分散,共分散 =====

$$s_x^2 = \frac{1}{n} \sum_{i=1}^{n} (x_i - \bar{x})^2$$

$$s_{xy} = \frac{1}{n} \sum_{i=1}^{n} (x_i - \bar{x})(y_i - \bar{y})$$

《説明》 $\varDelta$ を a と b の 2 変数関数とみなし,$\varDelta$ が極値をとるときの a, b を求める。$\varDelta$ は,a, b に関して最高次の係数が正である 2 次式なので,極値は極小値であり最小値である。したがって

$$\frac{\partial \varDelta}{\partial a} = 0, \quad \frac{\partial \varDelta}{\partial b} = 0$$

をみたす a, b を求めることにより,上の a, b の式が導ける。

または,$\varDelta$ を a, b に関して平方完成させ,最小となる a, b を決定してもよい。

いずれにしても 2 乗和 $\varDelta$ が最小になるように a, b を定めるので,この方法を **最小 2 乗法** という。データを直線で近似する場合,データと直線との距離の 2 乗和ではなく,y の値の誤差で 2 乗和を作っていることに注意しよう。

(説明終)

y の誤差の **2 乗和** を最小にするのよ。

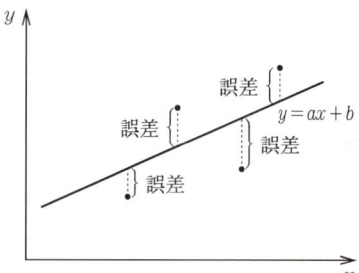

> **定義**
>
> n 個の対応のあるデータ (x_i, y_i) $(i = 1, 2, \cdots, n)$ に対し，直線
> $$y = ax + b, \qquad a = \frac{s_{xy}}{s_x^2}, \qquad b = \bar{y} - a\bar{x}$$
> をそのデータの（y の x に関する）**回帰直線**といい，係数 a, b を **回帰係数** という。

《説明》 x の値から y の値を推測し，全体的に y の誤差（の2乗和）が一番小さくなるように a, b が決められているので，y の x に関する回帰直線という。x の y に関する回帰直線は当然ながら異なる式となる。

また，回帰直線は必ず点 $(\bar{x}, \bar{y})$ を通るので，$(\bar{x}, \bar{y})$ を中心に考えて，次のように書き表すこともできる。

$$y - \bar{y} = \frac{s_{xy}}{s_x^2}(x - \bar{x})$$

$$\frac{y - \bar{y}}{s_x} = r \frac{x - \bar{x}}{s_y} \quad \left(r = \frac{s_{xy}}{s_x s_y} : 相関係数\right)$$

さらに，回帰直線は，x の新しいデータに対して，y の値を予測するのにも使われる。

また，データが母集団からの標本の場合には，データの回帰係数 a, b は母回帰係数の不偏推定量にもなっている。 （説明終）

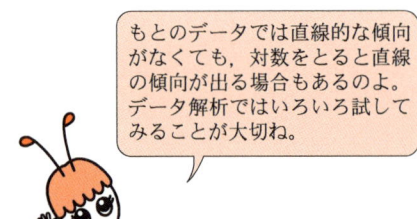
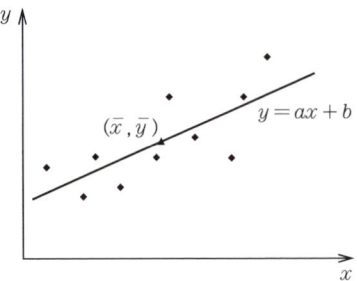

§4 回帰分析

定義

対になった2変量のデータ (x_i, y_i) $(i=1, 2, \cdots, n)$ の相関係数を r とするとき，r^2 を回帰直線の**決定係数**という。

《説明》 相関係数 r の値は $-1 \leqq r \leqq 1$ の範囲で，その値によりデータに直線的傾向があるかどうかが，ある程度わかった。それでは r^2 は何を意味するのだろう。r^2 を誤差の観点から見てみよう。

$$\hat{y}_i = ax_i + b$$

とおき，

$\Delta_T = \sum_{i=1}^{n}(y_i - \bar{y})^2$ （全変動）

$\Delta_E = \sum_{i=1}^{n}(y_i - \hat{y}_i)^2$ （誤差変動）

$\Delta_R = \sum_{i=1}^{n}(\hat{y}_i - \bar{y})^2$ （回帰変動）

とおくと，

$$\Delta_T = \Delta_E + \Delta_R$$

という関係式が成立する（証明は略）。

相関係数
$$r = \frac{s_{xy}}{s_x s_y}$$
実現値

回帰直線
$$y = ax + b$$
$$y - \bar{y} = a(x - \bar{x})$$
$$a = \frac{s_{xy}}{s_x^2}, \quad b = \bar{y} - a\bar{x}$$

また，相関係数 r と回帰係数 a との関係より

$$r^2 = \left(a \cdot \frac{s_x}{s_y}\right)^2 = \frac{\sum_{i=1}^{n} a^2(x_i - \bar{x})^2}{\sum_{i=1}^{n}(y_i - \bar{y})^2}$$

$\hat{y}_i - \bar{y} = a(x_i - \bar{x})$ を使って変形すると

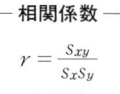

$$= \frac{\sum_{i=1}^{n}(\hat{y}_i - \bar{y})^2}{\sum_{i=1}^{n}(y_i - \bar{y})^2} = \frac{\Delta_R}{\Delta_T} = \frac{\Delta_T - \Delta_E}{\Delta_T}$$

となる。これより，r^2 の値は，全変動のうち，回帰変動が占める割合を示していることがわかる。つまり r^2 の値は x の1次式 $y = ax + b$ で表される y の値の割合を表しており，値が1に近いほど回帰直線のあてはまりが良いことになる。もし $r^2 = 1$ $(r = \pm 1)$ であれば $\Delta_R = \Delta_T$，$\Delta_E = 0$ なので，データは完全に1直線上に並んでいる。 （説明終）

例題 47

右のデータは統計学の授業の中間試験と期末試験の結果の一部である。

(1) 期末試験の中間試験に関する回帰直線を求めてみよう。

(2) 右のデータの散布図と回帰直線を描いてみよう。

(3) 決定係数を求めてみよう。

(4) H君は中間試験は52点であったが期末試験は病欠をしてしまった。H君の期末試験は何点と予想されるか，回帰直線で推測してみよう。

統計学成績

名前	中間試験	期末試験
A	45	32
B	78	70
C	69	73
D	53	48
E	95	82
F	81	79
G	36	65

解 基本統計量を求めるために，右の表計算をしておく（x：中間試験，y：期末試験）。この結果より

$$\bar{x} = \frac{1}{7} \times 457 = 65.2857$$

$$\bar{y} = \frac{1}{7} \times 449 = 64.1429$$

$$s_x^2 = \frac{1}{7} \times 32561 - 65.2857^2 = 389.3488$$

$$s_y^2 = \frac{1}{7} \times 30747 - 64.1429^2 = 278.1170$$

$$s_{xy} = \frac{1}{7} \times 31010 - 65.2857 \times 64.1429$$
$$= 242.3859$$

	x	y	x^2	y^2	xy
	45	32	2025	1024	1440
	78	70	6084	4900	5460
	69	73	4761	5329	5037
	53	48	2809	2304	2544
	95	82	9025	6724	7790
	81	79	6561	6241	6399
	36	65	1296	4225	2340
Σ	457	449	32561	30747	31010

$$\bar{x} = \frac{1}{n}\sum_{i=1}^{n} x_i, \quad \bar{y} = \frac{1}{n}\sum_{i=1}^{n} y_i$$

$$s_x^2 = \frac{1}{n}\sum_{i=1}^{n} x_i^2 - \bar{x}^2$$
$$s_y^2 = \frac{1}{n}\sum_{i=1}^{n} y_i^2 - \bar{y}^2$$
$$s_{xy} = \frac{1}{n}\sum_{i=1}^{n} x_i y_i - \bar{x}\bar{y}$$

(1) 回帰係数 a, b の値を求めると

$$a = \frac{242.3859}{389.3488} = 0.6225$$

$$b = 64.1429 - 0.6225 \times 65.2857 = 23.5026$$

以上より，回帰直線はほぼ

$$y = 0.6225x + 23.50$$

回帰直線

$$y = ax + b$$
$$a = \frac{s_{xy}}{s_x^2}, \qquad b = \bar{y} - a\bar{x}$$

（2） 散布図と回帰直線は右下図のようになる。

（3） 決定係数は相関係数 r の2乗なので
$$r^2 = \frac{242.3859^2}{389.3488 \times 278.1170} = 0.5426$$

ゆえに，ほぼ 0.54 である。

（4） 回帰直線を使って $x = 52$ のときの y の値を求める。
$$y = 0.6225 \times 52 + 23.50 = 55.87$$

ゆえに，約 56 点 と推測される。　　　　　　　　　　　　（解終）

$$r = \frac{S_{xy}}{S_x S_y} : 相関係数$$

$$r^2 = \frac{S_{xy}^2}{S_x^2 S_y^2} : 決定係数$$

回帰直線は $(\bar{x}, \bar{y})$ を必ず通るのよ。

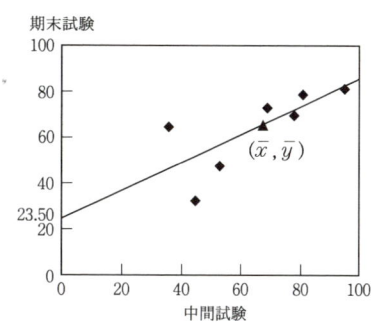

練習問題 47　　　　　　　　　　　　　解答は p. 202

右のデータは中高年女性の骨密度測定結果である。

（1） 骨評価値の年齢に対する回帰直線を求めなさい。
（2） 散布図および回帰直線を描きなさい。
（3） 決定係数を求めなさい。
（4） 56才のS子の骨評価値はどのくらいと推測されるか。

骨密度

なまえ	年齢	音響的骨評価値（×10⁶）
A子	45	2.7
B代	54	2.6
C奈	61	2.4
D子	52	2.5
E美	48	2.6
F子	60	2.2

2 回帰係数の区間推定と検定

1では，2変量の標本 (x_1, y_1), $\cdots$, (x_n, y_n) から回帰直線 $y = ax + b$ を最小2乗法で求めた。標本から得られた回帰係数 a, b は，母回帰係数 a_0, b_0 とどのような関係にあるかをみてみよう。

2つの変量に直線的な関係がある場合には，変量 X の値に対する変量 Y の値が問題となるので，n 個の標本は

$$(x_1, Y_1), \ (x_2, Y_2), \ \cdots, \ (x_n, Y_n)$$

と，Y の方のみ確率変数とみなし，大文字で表しておく。

これらの標本の回帰係数を確率変数 A, B とすると**1**の結果より

$$A = \frac{S_{xY}}{s_x{}^2}, \qquad B = \bar{Y} - A\bar{x}$$

ただし，$\bar{x} = \dfrac{1}{n} \sum_{i=1}^{n} x_i$, $\quad \bar{Y} = \dfrac{1}{n} \sum_{i=1}^{n} Y_i$

$$S_{xY} = \frac{1}{n} \sum_{i=1}^{n} (x_i - \bar{x})(Y_i - \bar{Y}), \qquad s_x{}^2 = \frac{1}{n} \sum_{i=1}^{n} (x_i - \bar{x})^2$$

である。ここで

$$\sigma^2 = V[Y] \quad (\text{確率変数 } Y \text{ の母分散})$$
$$\sigma_a{}^2 = V[A] \quad (\text{確率変数 } A \text{ の母分散})$$
$$\sigma_b{}^2 = V[B] \quad (\text{確率変数 } B \text{ の母分散})$$

とおき，N を母集団に含まれる数の総数とするとき，

$$\sigma_a{}^2 = \frac{1}{N\sigma_x{}^2} \sigma^2, \qquad \sigma_b{}^2 = \frac{\sum x_i{}^2}{N^2 \sigma_x{}^2} \sigma^2$$

という関係がある。もし変量 Y が正規分布に従っていると仮定すると，確率変数 A, B もそれぞれ正規分布

$$N(a_0, \sigma_a{}^2), \qquad N(b_0, \sigma_b{}^2)$$

に従うことが知られている。このことより，確率変数

$$\frac{A - a_0}{\sigma_a}, \qquad \frac{B - b_0}{\sigma_b}$$

は標準正規分布 $N(0, 1)$ に従うことがわかる。

そこで，$\sigma_a{}^2$ と $\sigma_b{}^2$ の代わりに標本を使った推定量

$$S_a{}^2 = \frac{1}{n\,s_x{}^2} S^2, \qquad S_b{}^2 = \frac{\sum\limits_{n=1}^{n} x_i{}^2}{n^2 s_x{}^2} S^2$$

$$\text{ただし，}\ S^2 = \frac{1}{n-2} \sum_{i=1}^{n} (Y_i - \widehat{Y}_i)^2 \qquad (\widehat{Y}_i = A x_i + B)$$

を用いることにより，次の定理が成立する（証明は略す）。

定理 4.20

母回帰係数 a_0, b_0 をもつ 2 変量の母集団からの標本

$$(x_1, Y_1),\ (x_2, Y_2),\ \cdots,\ (x_n, Y_n)$$

について，

$$T_a = \frac{A - a_0}{S_a}, \qquad T_b = \frac{B - b_0}{S_b}$$

はともに自由度 $(n-2)$ の t 分布に従う。

S^2 は σ^2 の不偏推定量となっています。

〈1〉 **回帰係数の区間推定**

定理 4.20 より，母回帰係数 a_0, b_0 の $100(1-\alpha)\%$ 信頼区間は，次のように求まる。

$$a - t_{n-2}\!\left(\frac{\alpha}{2}\right) s_a < a_0 < a + t_{n-2}\!\left(\frac{\alpha}{2}\right) s_a$$

$$b - t_{n-2}\!\left(\frac{\alpha}{2}\right) s_b < b_0 < b + t_{n-2}\!\left(\frac{\alpha}{2}\right) s_b$$

ただし，s_a, s_b は S_a, S_b の実現値である。

次頁の例題と練習で実際に求めてみよう。

例題 48

右のデータは，バネに重りをつけ，バネの長さを測定したものである。

(1) このデータの回帰直線 $y = ax + b$ を求めてみよう。

(2) 母回帰係数 a_0 の 95% 信頼区間を求めてみよう。

重りの重さ(g)	ばねの長さ(cm)
0	4.9
2	6.3
5	12.5
8	14.2
10	16.9

[解] 基本統計量を求めるために，次の表計算をしておく。

x	y	x^2	y^2	xy
0	4.9	0	24.01	0
2	6.3	4	39.69	12.6
5	12.5	25	156.25	62.5
8	14.2	64	201.64	113.6
10	16.9	100	285.61	169
Σ	25	54.8	193	707.20	357.7

$$s_{xy} = \frac{1}{n}\sum_{i=1}^{n} x_i y_i - \bar{x}\bar{y}$$

$$s_x^2 = \frac{1}{n}\sum_{i=1}^{n} x_i^2 - \bar{x}^2$$

$$s_y^2 = \frac{1}{n}\sum_{i=1}^{n} y_i^2 - \bar{y}^2$$

$$\bar{x} = \frac{1}{5} \times 25 = 5, \quad \bar{y} = \frac{1}{5} \times 54.8 = 10.96$$

$$s_x^2 = \frac{1}{5} \times 193 - 5^2 = 13.6$$

$$s_y^2 = \frac{1}{5} \times 707.20 - 10.96^2 = 21.3184$$

$$s_{xy} = \frac{1}{5} \times 357.7 - 5 \times 10.96 = 16.74$$

回帰直線

$$y = ax + b$$

$$a = \frac{s_{xy}}{s_x^2}, \quad b = \bar{y} - a\bar{x}$$

(1) 回帰係数を求めると

$$a = \frac{16.74}{13.6} = 1.2309,$$

$$b = 10.96 - 1.2309 \times 5 = 4.8055$$

ゆえに，回帰直線はほぼ

$$y = 1.231x + 4.81$$

散布図と回帰直線は右図のようになる。

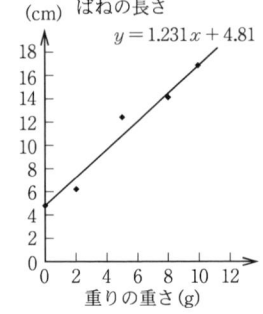

（2） 母回帰係数 a_0 の 95% 信頼区間を求める。

回帰直線は
$$y = 1.2309x + 4.8055$$
$$(a = 1.2309, b = 4.8055)$$

右表の計算結果より，$S^2, S_a{}^2$ の実現値 $s^2, s_a{}^2$ を求めると

x	$\hat{y}$ 予測値	y 実測値	（誤差）^{2}
0	4.8055	4.9	0.0089
2	7.2673	6.3	0.9357
5	10.9600	12.5	2.3716
8	14.6527	14.2	0.2049
10	17.1145	16.9	0.0460
Σ 25	54.8000	54.8	3.5671

$$s^2 = \frac{1}{5-2} \times 3.5671 = 1.1890$$

$$s_a{}^2 = \frac{1}{5 \times 13.6} \times 1.1890 = 0.0175$$

また，信頼係数は $1 - 0.95 = 0.05$ で

$$t_{5-2}\left(\frac{0.05}{2}\right) = t_3(0.025) = 3.182$$

より

$$a_0 \text{ の上側限界} = 1.2309 + 3.182 \times \sqrt{0.0175} = 1.6518$$

$$a_0 \text{ の下側限界} = 1.2309 - 3.182 \times \sqrt{0.0175} = 0.8100$$

ゆえに，a_0 の 95% 信頼区間はほぼ

$$0.81 < a_0 < 1.65$$

（解終）

母回帰係数 a_0, b_0 の区間推定

$$a - t_{n-2}\left(\frac{\alpha}{2}\right)s_a < a_0 < a + t_{n-2}\left(\frac{\alpha}{2}\right)s_a$$

$$b - t_{n-2}\left(\frac{\alpha}{2}\right)s_b < b_0 < b + t_{n-2}\left(\frac{\alpha}{2}\right)s_b$$

実現値

$$s^2 = \frac{1}{n-2} \sum_{i=1}^{n}(y_i - \hat{y}_i)^2$$

$$s_a{}^2 = \frac{1}{n\, s_x{}^2} s^2$$

$$s_b{}^2 = \frac{\sum_{i=1}^{n} x_i{}^2}{n^2\, s_x{}^2} s^2$$

練習問題 48　解答は p.203

例題 48 のデータについて母回帰係数 b_0 の 90% 信頼区間を求めなさい。

〈2〉 回帰係数の検定

定理 4.20 (p.171) より，自由度 $(n-2)$ の t 分布に従う検定統計量 T_a, T_b を使い，母回帰係数 a_0, b_0 の両側検定を次のように行うことができる。

(1) a_0 の検定の手順

1. 有意水準 α の設定。

2. 仮説 $H_0 : a_0 = k_a$
対立仮説 $H_1 : a_0 \neq k_a$

3. 検定統計量

$$T_a = \frac{A-a}{s_a}$$

の実現値の算出。

4. 棄却域は

$$T_a < -t_{n-2}\left(\frac{\alpha}{2}\right) \quad \text{or} \quad t_{n-2}\left(\frac{\alpha}{2}\right) < T_a$$

5. 判定。

(2) b_0 の検定の手順

1. 有意水準 α の設定。

2. 仮説 $H_0 : b_0 = k_b$
対立仮説 $H_1 : b_0 \neq k_b$

3. 検定統計量

$$T_b = \frac{B-b}{s_b}$$

の実現値の算出。

4. 棄却域は

$$T_b < -t_{n-2}\left(\frac{\alpha}{2}\right) \quad \text{or} \quad t_{n-2}\left(\frac{\alpha}{2}\right) < T_b$$

5. 判定。

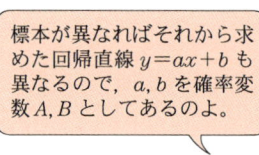

== 例題 49 ==

例題 48 のデータについて，母回帰係数 $b_0 = 5.0$（cm）を有意水準 0.01 で検定してみよう。

[解] 手順に従って検定していこう。両側検定で行ってみる。

1. 有意水準　$\alpha = 0.01$
2. 仮説 $H_0 : b_0 = 5.0$
   対立仮説 $H_0 : b_0 \neq 5.0$
3. 検定統計量 T_b を計算する。例題 48 と練習問題 48 の結果を使って
$$T_b = \frac{4.8055 - 5.0}{\sqrt{0.6749}} = -0.2368 \fallingdotseq -0.237$$
4. 棄却域 R を定める。両側検定なので左右に棄却域 R を定める。巻末の数表（p. 210）より
$$t_{5-2}\left(\frac{0.01}{2}\right) = t_3(0.005) = 5.841$$
$$\therefore\ R : T < -5.841$$
$$\text{or}\ \ 5.841 < T$$
（右下図色の部分）
5. 検定統計量 T_b の値は R に入っていない（図×印）ので仮説は棄てられず，
$$b_0 = 5.0$$
を否定することはできない。　（解終）

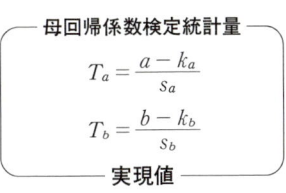

例題 48 のデータ
$a = 1.2309$
$b = 4.8055$
$s^2 = 1.1890$
$s_a{}^2 = 0.0175$
$s_b{}^2 = 0.6749$
実現値

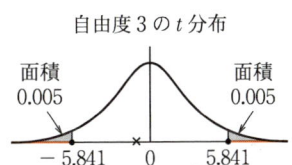

母回帰係数検定統計量
$T_a = \dfrac{a - k_a}{s_a}$
$T_b = \dfrac{b - k_b}{s_b}$
実現値

自由度 3 の t 分布
面積 0.005　　面積 0.005
-5.841　0　5.841

==== 練習問題 49 ====　解答は p.203

例題 48 のデータについて，母回帰係数 $a_0 = 1.2$（cm/g）を有意水準 0.05 で検定せよ。

総合練習 4

ある地域の雄のカブトムシの調査では，同じ種類でありながら

  小ぶりで赤っぽい個体

  大ぶりで黒っぽい個体

の 2 種が観察され，黒い個体の方が角が体に比べ立派に見うけられる。

右のデータ（p.116 総合練習 3 と同じ）から，各個体の角長の体長に対する比（角長/体長）を計算し，赤カブトムシと黒カブトムシの間に差異があるかどうか調べなさい。

カブトムシ調査結果

色	個体 No.	体長	角長
赤	1	33.2	14.5
	2	38.1	15.1
	3	42.6	21.5
	4	45.3	22.4
	5	49.2	16.3
	6	50.6	22.5
	7	51.7	21.8
	8	54.8	24.9
	9	57.1	25.4
	10	60.2	15.6
	11	61.8	25.1
黒	12	64.3	45.2
	13	68.5	45.3
	14	68.9	32.6
	15	69.1	32.4
	16	69.3	35.4
	17	75.5	41.6
	18	75.7	42.6
	19	77.6	41.4
	20	78.1	45.6
	21	78.5	46.2
	22	79.2	45.8
	23	79.3	45.4
	24	84.8	47.9
	25	87.6	48.6
	26	88.1	50.7
	27	89.1	49.3
	28	89.6	52.3
	29	97.5	51.4
	30	98.8	51.2

いろいろ統計による解析方法を勉強してきたわ。
勉強の成果の見せどころね。

タイヘンダッタ

コタエハ p.204

解答の章

練習問題 1 (p. 4)

(1) tree は右のようになるので，書き出すと

○△, ○×
△○, △×
×○, ×△

より，6通り。

```
 ○ < △
     ×
 △ < ○
     ×
 × < ○
     △
```

(2) $n=3$, $r=2$ なので
$$_3P_2 = 3\cdot 2 = 6$$

練習問題 2 (p. 5)

(1) $n=3$, $r=3$ より
$$_3P_3 = 3! = 3\cdot 2\cdot 1 = 6 \text{ (通り)}$$

(2) $n=12$, $r=3$ より
$$_{12}P_3 = 12\cdot 11\cdot 10 = 1320 \text{ (通り)}$$

練習問題 3 (p. 8)

(1) 練習問題1の結果より，異なる組合せは

○△, ○×, △×

の 3通り。

(2) $n=3$, $r=2$ より
$$_3C_2 = \frac{3\cdot 2}{2!} = \frac{3\cdot 2}{2\cdot 1} = 3 \text{ (通り)}$$

練習問題 4 (p. 9)

(1) $n=20$, $r=2$ より
$$_{20}C_2 = \frac{20\cdot 19}{2!} = \frac{20\cdot 19}{2} = 190 \text{ (通り)}$$

(2) $n=15$, $r=10$ より
$$_{15}C_{10} = {_{15}C_{15-10}} = {_{15}C_5}$$
$$= \frac{15\cdot 14\cdot 13\cdot 12\cdot 11}{5!}$$
$$= \frac{15\cdot 14\cdot 13\cdot 12\cdot 11}{5\cdot 4\cdot 3\cdot 2\cdot 1}$$
$$= 3003 \text{ (通り)}$$

練習問題 5 (p. 12)

(1) 根元事象を

(1回目の数, 2回目の数)

と座標のような形で表すと

$$U = \{(1,1), (1,2), (1,3), (1,4), (1,5), (1,6),$$
$$(2,1), (2,2), (2,3), (2,4), (2,5), (2,6),$$
$$(3,1), (3,2), (3,3), (3,4), (3,5), (3,6),$$
$$(4,1), (4,2), (4,3), (4,4), (4,5), (4,6),$$
$$(5,1), (5,2), (5,3), (5,4), (5,5), (5,6),$$
$$(6,1), (6,2), (6,3), (6,4), (6,5), (6,6)\}$$

(2) 上記より1が1つでも含まれている根元事象を集めて

$$A = \{(1,1), (1,2), (1,3), (1,4), (1,5), (1,6),$$
$$(2,1), (3,1), (4,1), (5,1), (6,1)\}$$

(3) 和が6となる根元事象を集めて

$$B = \{(1,5), (2,4), (3,3), (4,2), (5,1)\}$$

練習問題 6 (p. 14)

練習問題 5 の結果を使って

(1) $C = A \cap B =$ {(1,5), (5,1)}

(2) $D = A \cup B$
= {(1,1), (1,2), (1,3), (1,4), (1,5), (1,6), (2,1), (3,1), (4,1), (5,1), (6,1), (2,4), (3,3), (4,2)}

(3) $E = \overline{A}$
= (2,2), (2,3), (2,4), (2,5), (2,6), (3,2), (3,3), (3,4), (3,5), (3,6), (4,2), (4,3), (4,4), (4,5), (4,6), (5,2), (5,3), (5,4), (5,5), (5,6), (6,2), (6,3), (6,4), (6,5), (6,6)

練習問題 7 (p. 15)

練習問題 5 の結果を使って
$F =$ {(1,1), (2,2), (3,3), (4,4), (5,5), (6,6)}
$G =$ {(1,2), (1,4), (1,6), (2,1), (2,3), (2,5), (3,2), (3,4), (3,6), (4,1), (4,3), (4,5), (5,2), (5,4), (5,6), (6,1), (6,3), (6,5)}
$H = \overline{G}$

より、$H \supset F$ となり、
G と H、G と F が排反事象。

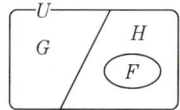

練習問題 8 (p. 17)

練習問題 5 と 7 の結果より

(1) $P(F) = \dfrac{n(F)}{n(U)} = \dfrac{6}{36} = \boxed{\dfrac{1}{6}}$

(2) $P(G) = \dfrac{n(G)}{n(U)} = \dfrac{18}{36} = \boxed{\dfrac{1}{2}}$

(3) $P(A) = \dfrac{n(A)}{n(U)} = \boxed{\dfrac{11}{36}}$

練習問題 9 (p. 19)

過去の経験から予測するとスペシャル・コーヒーを注文する確率は
$$\dfrac{50}{1200} \fallingdotseq \boxed{0.042}$$

練習問題 10 (p. 21)

練習問題 5 (p. 12) より

(1) $P(B) = \dfrac{n(B)}{n(U)} = \boxed{\dfrac{5}{36}}$

(2) $P(F) = \dfrac{n(F)}{n(U)} = \dfrac{6}{36} = \boxed{\dfrac{1}{6}}$

(3) $B \cap F = \{(3,3)\}$ より
$P(B \cap F) = \dfrac{n(B \cap F)}{n(U)} = \boxed{\dfrac{1}{36}}$

(4) $P(B \cup F)$
$= P(B) + P(F) - P(B \cap F)$
$= \dfrac{5}{36} + \dfrac{1}{6} - \dfrac{1}{36} = \dfrac{10}{36} = \boxed{\dfrac{5}{18}}$

(5) $P(\overline{F}) = 1 - P(F) = 1 - \dfrac{1}{6} = \boxed{\dfrac{5}{6}}$

練習問題 11 (p. 23)

事象 H：目の和が偶数である
事象 I：目の和が 3 の倍数である
とする。

(1) 練習問題 7 (p. 15) の結果を用いると
$$P(H) = P(\overline{G}) = 1 - P(G)$$
$$= 1 - \frac{1}{2} = \boxed{\frac{1}{2}}$$

(2) 練習問題 5 (p. 12) の標本空間 U より目の和が 3 の倍数になる根元事象を選ぶと
$$I = \{(1,2), (1,5), (2,1), (2,4), (3,3), (3,6),$$
$$(4,2), (4,5), (5,1), (5,4), (6,3), (6,6)\}$$
$$\therefore \quad P(I) = \frac{n(I)}{n(U)} = \frac{12}{36} = \boxed{\frac{1}{3}}$$

(3) $H \cap I$
$$= \{(1,5), (2,4), (3,3), (4,2), (5,1), (6,6)\}$$
より
$$P(H \cap I) = \frac{n(H \cap I)}{n(U)} = \frac{6}{36} = \frac{1}{6}$$

求めたい確率は $P(I \mid H)$ なので
$$P(I \mid H) = \frac{P(I \cap H)}{P(H)} = \frac{\frac{1}{6}}{\frac{1}{2}} = \boxed{\frac{1}{3}}$$

(4) 求めたい確率は $P(H \mid I)$ なので
$$P(H \mid I) = \frac{P(H \cap I)}{P(I)} = \frac{\frac{1}{6}}{\frac{1}{3}} = \boxed{\frac{1}{2}}$$

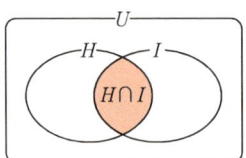

練習問題 12 (p. 25)

J についてはまだ調べていないので $J, H \cap J, I \cap J$ を求める。
$$J = \{(1,3), (1,6), (2,3), (2,6), (3,1), (3,2),$$
$$(3,3), (3,4), (3,5), (3,6), (4,3), (4,6),$$
$$(5,3), (5,6), (6,1), (6,2), (6,3), (6,4),$$
$$(6,5), (6,6)\}$$
$$I \cap J = \{(3,3), (3,6), (6,3), (6,6)\}$$
$$H \cap J = \{(1,3), (2,6), (3,1), (3,3), (3,5), (4,6),$$
$$(5,3), (6,2), (6,4), (6,6)\}$$
$$P(J) = \frac{n(J)}{n(U)} = \frac{20}{36} = \frac{5}{9}$$
$$P(H \cap J) = \frac{n(H \cap J)}{n(U)} = \frac{10}{36} = \frac{5}{18}$$
$$P(I \cap J) = \frac{n(I \cap J)}{n(U)} = \frac{4}{36} = \frac{1}{9}$$

これらと練習問題 11 の結果を使うと
$$P(H \cap I) = \frac{1}{6},$$
$$P(H)P(I) = \frac{1}{2} \cdot \frac{1}{3} = \frac{1}{6}$$
ゆえに，H と I は 独立 。
$$P(I \cap J) = \frac{1}{9},$$
$$P(I)P(J) = \frac{1}{3} \cdot \frac{5}{9} = \frac{5}{27}$$
ゆえに，I と J は 独立ではない 。
$$P(H \cap J) = \frac{5}{18},$$
$$P(H)P(J) = \frac{1}{2} \cdot \frac{5}{9} = \frac{5}{18}$$
ゆえに，H と J は 独立 。

練習問題 13 (p. 27)

$P(不良品)$
$= P(不良品 \mid N) \cdot P(N)$
$\quad + P(不良品 \mid A) P(A)$
$= \dfrac{5}{100} \times \dfrac{100}{100+150}$
$\quad + \dfrac{9}{100} \times \dfrac{150}{100+150}$
$= 0.05 \times 0.4 + 0.09 \times 0.6 = 0.074$

ゆえに，7.4% が不良品になると推測される。

練習問題 14 (p. 29)

求める確率は $P(B_1 \mid \overline{A})$ である。

$P(B_1 \mid \overline{A}) = \dfrac{P(B_1 \cap \overline{A})}{P(\overline{A})} = \dfrac{☺}{☺+☻}$

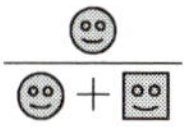

$= \dfrac{P(\overline{A} \mid B_1) \cdot P(B_1)}{P(\overline{A} \mid B_1) P(B_1) + P(\overline{A} \mid B_2) P(B_2)}$

$= \dfrac{(1-0.97) \times \dfrac{1}{3000}}{(1-0.97) \times \dfrac{1}{3000} + 0.97 \times \dfrac{3000-1}{3000}}$

$= \dfrac{0.03}{0.03 \times 1 + 0.97 \times 2999} = 1.03 \times 10^{-5}$

これより，ほとんど 0 である。

総合練習 1 (p. 32)

1. Aがはじめに引き，Bが後から引くとする。引く順に1回目から6回目とすると

Aが当たる確率
$= 1回目に当たる + 3回目に当たる$
$\quad + 5回目に当たる$
$= \dfrac{1}{6} + \dfrac{5}{6} \times \dfrac{4}{5} \times \dfrac{1}{4}$
$\quad + \dfrac{5}{6} \times \dfrac{4}{5} \times \dfrac{3}{4} \times \dfrac{2}{3} \times \dfrac{1}{2} = \dfrac{1}{2}$

Bが当たる確率＝1−(Aが当たる確率)
$= 1 - \dfrac{1}{2} = \dfrac{1}{2}$

ゆえに，先でも後でも当たる確率は同じ。

2. 条件付確率の問題。

A, B, C の箱があり，A に商品が入っているとする。1回目に選んだ箱と2回目に選んだ箱を (A, B) の形で表すと，標本空間 U と，途中で箱を変えない事象 X，変える事象 Y は下図のようになる。ただし，1回目に選んだ後で，残りの空箱を教えてくれるので，(B, C)，(C, B)，(A, B) or (A, C) の組は根元事象からはずされる。

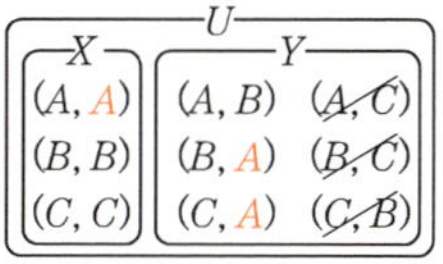

```
        ┌─────X─────┬U──Y──────┐
        │ (A, A)    │ (A, B) (A, C) │
        │ (B, B)    │ (B, A) (B, C) │
        │ (C, C)    │ (C, A) (C, B) │
        └───────────┴───────────────┘
```

$P(2回目がA \mid 箱を変えない)$
$= \dfrac{P(2回目が A \cap 箱を変えない)}{P(箱を変えない)}$
$= \dfrac{\frac{1}{6}}{\frac{3}{6}} = \dfrac{1}{3}$

$P(2回目がA \mid 箱を変える)$
$= \dfrac{P(2回目が A \cap 箱を変える)}{P(箱を変える)}$
$= \dfrac{\frac{2}{6}}{\frac{3}{6}} = \dfrac{2}{3}$

ゆえに，2回目に箱を変えた方が2倍当たる確率が高い。

練習問題 15 (p. 37)

(1) X の値は $2 \sim 12$。

X	根元事象	$f(x)$
2	(1,1)	1/36
3	(1,2), (2,1)	2/36
4	(1,3), (2,2), (3,1)	3/36
5	(1,4), (2,3), (3,2), (4,1)	4/36
6	(1,5), (2,4), (3,3), (4,2), (5,1)	5/36
7	(1,6), (2,5), (3,4), (4,3), (5,2), (6,1)	6/36
8	(2,6), (3,5), (4,4), (5,3), (6,2)	5/36
9	(3,6), (4,5), (5,4), (6,3)	4/36
10	(4,6), (5,5), (6,4)	3/36
11	(5,6), (6,5)	2/36
12	(6,6)	1/36

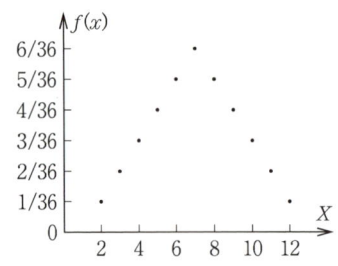

(2) $\sum_{i=1}^{n} f(a_i)$
$= f(2) + f(3) + \cdots + f(12)$
$= 1/36 + 2/36 + \cdots 1/36 = \boxed{1}$

(3) $P(5 \leqq X \leqq 7)$
$= P(5) + P(6) + P(7)$
$= \dfrac{4}{36} + \dfrac{5}{36} + \dfrac{6}{36} = \dfrac{15}{36} = \boxed{\dfrac{5}{12}}$

練習問題 16 (p. 40)

練習問題 15 の結果を使って

$\mu = E[X] = \sum_{i=1}^{n} x_i f(x_i)$

$= 2 \times \dfrac{1}{36} + 3 \times \dfrac{2}{36} + 4 \times \dfrac{3}{36}$
$+ 5 \times \dfrac{4}{36} + 6 \times \dfrac{5}{36} + 7 \times \dfrac{6}{36}$
$+ 8 \times \dfrac{5}{36} + 9 \times \dfrac{4}{36} + 10 \times \dfrac{3}{36}$
$+ 11 \times \dfrac{2}{36} + 12 \times \dfrac{1}{36}$

$= \dfrac{1}{36}(2 + 6 + 12 + 20 + 30 + 42 + 40$
$\quad + 36 + 30 + 22 + 12)$

$= \dfrac{252}{36} = \boxed{7}$

$\sigma^2 = V[X] = \sum_{i=1}^{n}(x_i - \mu)^2 f(x_i)$

$= (2-7)^2 \times \dfrac{1}{36} + (3-7)^2 \times \dfrac{2}{36}$
$+ (4-7)^2 \times \dfrac{3}{36} + (5-7)^2 \times \dfrac{4}{36}$
$+ (6-7)^2 \times \dfrac{5}{36} + (7-7)^2 \times \dfrac{6}{36}$
$+ (8-7)^2 \times \dfrac{5}{36} + (9-7)^2 \times \dfrac{4}{36}$
$+ (10-7)^2 \times \dfrac{3}{36} + (11-7)^2 \times \dfrac{2}{36}$
$+ (12-7)^2 \times \dfrac{1}{36}$

$= \dfrac{1}{36}(25 + 32 + 27 + 16 + 5 + 0$
$\quad + 5 + 16 + 27 + 32 + 25)$

$= \dfrac{210}{36} = \boxed{\dfrac{35}{6}} \fallingdotseq 5.8333 \fallingdotseq \boxed{5.83}$

$\sigma = \sqrt{\sigma^2} = \sqrt{5.8333} \fallingdotseq \boxed{2.42}$

また，定理 2.2 を使って求めると
$E[X^2]$
$= \sum_{i=1}^{n} x_i^2 f(x_i)$
$= 2^2 \times \dfrac{1}{36} + 3^2 \times \dfrac{2}{36} + 4^2 \times \dfrac{3}{36}$
$\quad + 5^2 \times \dfrac{4}{36} + 6^2 \times \dfrac{5}{36} + 7^2 \times \dfrac{6}{36}$
$\quad + 8^2 \times \dfrac{5}{36} + 9^2 \times \dfrac{4}{36} + 10^2 \times \dfrac{3}{36}$
$\quad + 11^2 \times \dfrac{2}{36} + 12^2 \times \dfrac{1}{36}$
$= \dfrac{1}{36}(4 + 18 + 48 + 100 + 180$
$\qquad + 294 + 320 + 324 + 300$
$\qquad + 242 + 144)$
$= \dfrac{1974}{36} = \dfrac{987}{18}$
$\sigma^2 = E[X^2] - E[X]^2$
$= \dfrac{987}{18} - 7^2 = \boxed{\dfrac{35}{6}} \fallingdotseq 5.8333$
$\fallingdotseq \boxed{5.83}$ （一致した。）
$\sigma = \sqrt{\sigma^2} = \sqrt{5.8333} \fallingdotseq \boxed{2.42}$

練習問題 17 (p. 45)

(1)
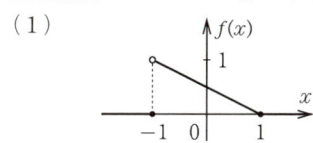

(2) $P(0 \leqq X < 1) = \int_0^1 f(x)\,dx$
$= \int_0^1 \left(-\dfrac{1}{2}x + \dfrac{1}{2}\right)dx$
$= \left[-\dfrac{1}{4}x^2 + \dfrac{1}{2}x\right]_0^1$
$= -\dfrac{1}{4} + \dfrac{1}{2} - 0 = \boxed{\dfrac{1}{4}}$

$P(-2 \leqq X < 0) = \int_{-2}^0 f(x)\,dx$
$= \int_{-2}^{-1} 0\,dx + \int_{-1}^0 \left(-\dfrac{1}{2}x + \dfrac{1}{2}\right)dx$
$= 0 + \left[-\dfrac{1}{4}x^2 + \dfrac{1}{2}x\right]_{-1}^0$
$= 0 - \left(-\dfrac{1}{4} - \dfrac{1}{2}\right) = \boxed{\dfrac{3}{4}}$

(3) $\int_{-\infty}^{+\infty} f(x)\,dx$
$= \int_{-\infty}^{-1} 0\,dx$
$\quad + \int_{-1}^1 \left(-\dfrac{1}{2}x + \dfrac{1}{2}\right)dx + \int_1^{+\infty} 0\,dx$
$= \left[-\dfrac{1}{4}x^2 + \dfrac{1}{2}x\right]_{-1}^1$
$= \left(-\dfrac{1}{4} + \dfrac{1}{2}\right) - \left(-\dfrac{1}{4} - \dfrac{1}{2}\right)$
$= \boxed{1}$

練習問題 18 (p. 47)

(1)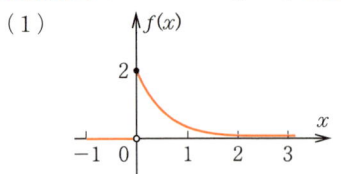

(2) $P(0 < X \leqq 2) = \int_0^2 f(x)\,dx$

$= \int_0^2 2e^{-2x}dx = 2\left[-\frac{1}{2}e^{-2x}\right]_0^2$

$= -\left(e^{-4} - e^0\right) = \boxed{1 - \frac{1}{e^4}}$

(3) $P(3 \leqq X) = \int_3^{+\infty} f(x)\,dx$

$= \int_3^{+\infty} 2e^{-2x}dx$

$= \lim_{a \to +\infty} \int_3^a 2e^{-2x}dx$

$= \lim_{a \to +\infty} 2\left[-\frac{1}{2}e^{-2x}\right]_3^a$

$= \lim_{a \to +\infty} \{-(e^{-2a} - e^{-6})\}$

$= \lim_{a \to +\infty}\left(\frac{1}{e^6} - \frac{1}{e^{2a}}\right) = \frac{1}{e^6} - 0$

$= \boxed{\dfrac{1}{e^6}}$

(4) $P(-\infty < X < \infty)$

$= \int_{-\infty}^0 0\,dx + \int_0^{+\infty} 2e^{-2x}dx$

$= \lim_{a \to +\infty} \int_0^a 2e^{-2x}dx$

$= \lim_{a \to +\infty} 2\left[-\frac{1}{2}e^{-2x}\right]_0^a$

$= \lim_{a \to +\infty} \{-(e^{-2a} - e^0)\}$

$= \lim_{a \to +\infty}\left(1 - \frac{1}{e^{2a}}\right) = 1 - 0 = \boxed{1}$

練習問題 19 (p. 51)

$E[X] = \int_{-\infty}^{+\infty} x f(x)\,dx$

$= \int_{-\infty}^{-1} x \cdot 0\,dx$

$\quad + \int_{-1}^{1} x\left(-\frac{1}{2}x + \frac{1}{2}\right)dx$

$\quad + \int_1^{+\infty} x \cdot 0\,dx$

$= \int_{-1}^{1}\left(-\frac{1}{2}x^2 + \frac{1}{2}x\right)dx$

$= \left[-\frac{1}{6}x^3 + \frac{1}{4}x^2\right]_{-1}^{1}$

$= \left(-\frac{1}{6} + \frac{1}{4}\right) - \left(\frac{1}{6} + \frac{1}{4}\right)$

$= \boxed{-\dfrac{1}{3}}$

$E[X^2]$ を先に求めておくと

$E[X^2] = \int_{-\infty}^{+\infty} x^2 f(x)\,dx$

$= \int_{-\infty}^{-1} x^2 \cdot 0\,dx$

$\quad + \int_{-1}^{1} x^2\left(-\frac{1}{2}x + \frac{1}{2}\right)dx$

$\quad + \int_1^{+\infty} x^2 \cdot 0\,dx$

$= \int_{-1}^{1}\left(-\frac{1}{2}x^3 + \frac{1}{2}x^2\right)dx$

$= \left[-\frac{1}{8}x^4 + \frac{1}{6}x^3\right]_{-1}^{1}$

$= \left(-\frac{1}{8} + \frac{1}{6}\right) - \left(-\frac{1}{8} - \frac{1}{6}\right)$

$= \frac{1}{3}$

$\therefore\ V[X] = E[X^2] - E[X]^2$

$= \frac{1}{3} - \left(-\frac{1}{3}\right)^2$

$= \frac{1}{3} - \frac{1}{9} = \boxed{\dfrac{2}{9}}$

$SD[X] = \sqrt{V[X]} = \sqrt{\dfrac{2}{9}} = \dfrac{\sqrt{2}}{3} \fallingdotseq \boxed{0.47}$

練習問題 20 (p. 53)

$E[X] = \int_{-\infty}^{+\infty} x f(x)\, dx$

$\quad = \int_{-\infty}^{0} x \cdot 0\, dx + \int_{0}^{+\infty} x \cdot 2e^{-2x} dx$

$\quad = \lim_{a \to +\infty} \int_{0}^{a} 2x e^{-2x} dx$

部分積分を用いて

$\quad = \lim_{a \to +\infty} 2 \left\{ \left[-\frac{1}{2} x e^{-2x} \right]_{0}^{a} \right.$
$\quad \qquad \left. + \frac{1}{2} \int_{0}^{a} e^{-2x} dx \right\}$

$\quad = \lim_{a \to +\infty} \left\{ -(ae^{-2a} - 0) \right.$
$\quad \qquad \left. + \left[-\frac{1}{2} e^{-2x} \right]_{0}^{a} \right\}$

$\quad = \lim_{a \to +\infty} \left\{ -\frac{a}{e^{2a}} - \frac{1}{2}(e^{-2a} - e^{0}) \right\}$

$\quad = \lim_{a \to +\infty} \left(-\frac{a}{e^{2a}} - \frac{1}{2} \cdot \frac{1}{e^{2a}} + \frac{1}{2} \cdot 1 \right)$

$\quad = 0 - \frac{1}{2} \cdot 0 + \frac{1}{2} = \boxed{\dfrac{1}{2}}$

$E[X^2]$ を先に求めると

$E[X^2]$
$\quad = \int_{-\infty}^{+\infty} x^2 f(x)\, dx$

$\quad = \int_{-\infty}^{0} x^2 \cdot 0\, dx + \int_{0}^{+\infty} x^2 \cdot 2 e^{-2x} dx$

$\quad = \lim_{a \to +\infty} \int_{0}^{a} 2 x^2 e^{-2x} dx$

部分積分を用いて

$\quad = \lim_{a \to +\infty} 2 \left\{ \left[-\frac{1}{2} x^2 e^{-2x} \right]_{0}^{a} \right.$
$\quad \qquad \left. + \int_{0}^{a} x e^{-2x} dx \right\}$

$\quad = \lim_{a \to +\infty} \left\{ -(a^2 e^{-2a} - 0) \right.$
$\quad \qquad \left. + 2 \int_{0}^{a} x e^{-2x} dx \right\}$

$\quad = \lim_{a \to +\infty} \left(-\frac{a^2}{e^{2a}} \right) + \lim_{a \to +\infty} 2 \int_{0}^{a} x e^{-2x} dx$

第 2 項は $E[X]$ の計算と同じなので

$\quad = 0 + \dfrac{1}{2} = \dfrac{1}{2}$

$\therefore \quad V[X] = E[X^2] - E[X]^2$

$\qquad = \dfrac{1}{2} - \left(\dfrac{1}{2} \right)^2 = \dfrac{1}{2} - \dfrac{1}{4}$

$\qquad = \boxed{\dfrac{1}{4}}$

$D[X] = \sqrt{V[X]} = \sqrt{\dfrac{1}{4}} = \boxed{\dfrac{1}{2}}$

練習問題 21 (p. 55)

試行：13 枚のトランプから 1 枚取るを 10 回行う独立試行である。

$f(x) = P(X = x)$

$\quad =$ ジョーカーが 10 回のうち x 回出る確率

$\quad = \boxed{{}_{10}C_x \left(\dfrac{1}{13} \right)^x \left(\dfrac{12}{13} \right)^{10-x}}$

元に戻してからまた取り出すことを「**復元抽出**」といいます。

練習問題 22 (p. 57)

確率変数 X は二項分布 $Bin\left(10, \dfrac{1}{13}\right)$ に従っている。$n=10$, $p=\dfrac{1}{13}$ なので

$$q = 1 - \dfrac{1}{13} = \dfrac{12}{13}$$

$$E[X] = np = 10 \times \dfrac{1}{13}$$

$$= \dfrac{10}{13} \fallingdotseq \boxed{0.77}$$

$$V[X] = npq = 10 \times \dfrac{1}{13} \times \dfrac{12}{13}$$

$$= \dfrac{120}{169} \fallingdotseq \boxed{0.71}$$

$$SD[X] = \sqrt{V[X]} = \sqrt{\dfrac{120}{169}}$$

$$= \dfrac{2\sqrt{30}}{13} \fallingdotseq \boxed{0.84}$$

練習問題 23 (p. 61)

(1) $\lambda = 2$ なので

$$f(x) = e^{-2} \dfrac{2^x}{x!} \quad (x = 0, 1, 2, \cdots)$$

$f(x)$ の数表をつくりグラフを描くと下のようになる。

x	$f(x)$
0	$e^{-2} \cdot 2^0 / 0! = 0.1353$
1	$e^{-2} \cdot 2^1 / 1! = 0.2707$
2	$e^{-2} \cdot 2^2 / 2! = 0.2707$
3	$e^{-2} \cdot 2^3 / 3! = 0.1804$
4	$e^{-2} \cdot 2^4 / 4! = 0.0902$
5	$e^{-2} \cdot 2^5 / 5! = 0.0361$
6	$e^{-2} \cdot 2^6 / 6! = 0.0120$
⋮	⋮

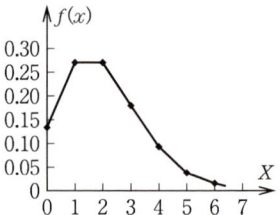

(2) $P(0 \leqq X \leqq 2)$
$= P(X=0) + P(X=1) + P(X=2)$
$= 0.1353 + 0.2707 + 0.2707 = \boxed{0.6767}$

(3) $P(6 \geqq X) = 1 - P(5 \leqq X)$
$= 1 - \{P(X=0) + P(X=1) + P(X=2) + P(X=3) + P(X=4) + P(X=5)\}$
$= 1 - (0.1353 + 0.2707 + 0.2707 + 0.1804 + 0.0902 + 0.0361)$
$= 1 - 0.9834 = \boxed{0.0166}$

練習問題 24 (p. 67)

(1) $P(0 \leqq X \leqq 1)$

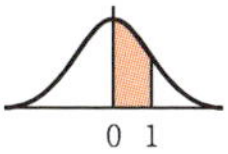

= 　
= $\boxed{0.3413}$

(2) $P(-1 \leqq X \leqq 0.5)$

=

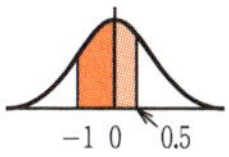

= 　 + 　

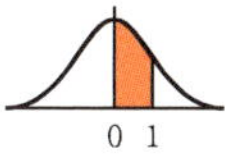

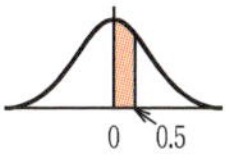

= $0.3413 + 0.1915 = \boxed{0.5328}$

(3) $P(X > -0.12)$

=

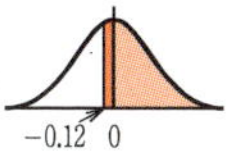

= 　 + 　

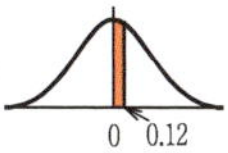

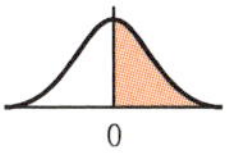

= $0.0478 + 0.5 = \boxed{0.5478}$

(4) $P(X \leqq -2) =$

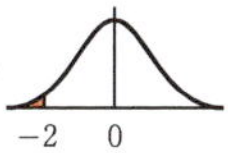

=

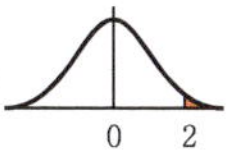

= 　 − 　

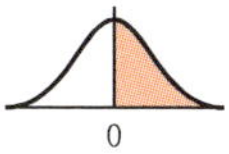

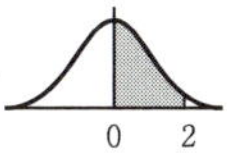

= $0.5 - 0.47725 = \boxed{0.0228}$

練習問題 25 (p. 70)

X が $N(3, 2.5^2)$ に従うとき，
$Y = \dfrac{X-3}{2.5}$ は $N(0,1)$ に従う
ので

(1) $P(0 \leqq X \leqq 5)$

$= P\left(\dfrac{0-3}{2.5} \leqq \dfrac{X-3}{2.5} \leqq \dfrac{5-3}{2.5}\right)$

$= P(-1.2 \leqq Y \leqq 0.8)$

=

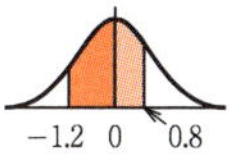

= 　 + 　

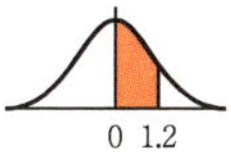

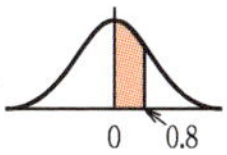

= $0.3849 + 0.2881 = \boxed{0.6730}$

(2) $P(2 < X)$

$= P\left(\dfrac{2-3}{2.5} \leqq \dfrac{X-3}{2.5}\right)$

$= P(-0.4 \leqq Y)$

=

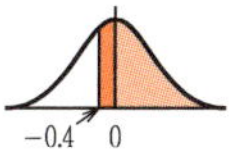

= 　 + 　

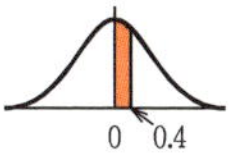

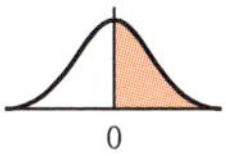

= $0.1554 + 0.5 = \boxed{0.6554}$

練習問題 26 (p. 71)

成績 X は $N(65, 12^2)$ に従っているので

$$Y = \frac{X-65}{12}$$

は $N(0,1)$ に従っている。

（1） $P(X \leqq 50)$

$$= P\left(\frac{X-65}{12} \leqq \frac{50-65}{12}\right)$$
$$= P(Y \leqq -1.25)$$
$$= P(Y \geqq 1.25)$$
$$= 0.5 - P(0 \leqq Y \leqq 1.25)$$
$$= 0.5 - 0.3944 = 0.1056$$

ゆえに，約 10.6% が退学勧告となる。

（2） $P(X \geqq a) = 0.2$ となる a を求めればよい。

$$P(X \geqq a) = P\left(\frac{X-65}{12} \geqq \frac{a-65}{12}\right)$$
$$= P\left(Y \geqq \frac{a-65}{12}\right)$$
$$= 0.5 - P\left(0 \leqq Y \leqq \frac{a-65}{12}\right)$$
$$= 0.2$$

$$\therefore \quad P\left(0 \leqq Y \leqq \frac{a-65}{12}\right) = 0.3$$

巻末の数表より

$$\frac{a-65}{12} \fallingdotseq 0.84$$

これより

$$a = 0.84 \times 12 + 65 = 75.08$$

したがって，76 点以上 取れていればよい。

練習問題 27 (p. 73)

（1） 平均 $= \dfrac{1}{\lambda} = 20$ （分） より $\lambda = \dfrac{1}{20}$

$$\therefore \quad f(x) = \begin{cases} \dfrac{1}{20} e^{-\frac{1}{20}x} & (x \geqq 0) \\ 0 & (x < 0) \end{cases}$$

（2） 求める確率は $P(X \leqq 5)$ である。

$$P(X \leqq 5) = \int_0^5 f(x)\,dx$$
$$= \int_0^5 \frac{1}{20} e^{-\frac{1}{20}x} dx$$
$$= \frac{1}{20}\left[-20 e^{-\frac{1}{20}x}\right]_0^5$$
$$= -(e^{-\frac{5}{20}} - e^0) = 1 - e^{-\frac{1}{4}}$$
$$\fallingdotseq 1 - 0.7788 = 0.2212$$

（3） 求める確率は $P(X \geqq 30)$ なので

$$P(X \geqq 30) = 1 - P(X < 30)$$
$$= 1 - \int_0^{30} f(x)\,dx$$
$$= 1 - \int_0^{30} \frac{1}{20} e^{-\frac{1}{20}x} dx$$
$$= 1 - \left[-e^{-\frac{1}{20}x}\right]_0^{30}$$
$$= 1 - \left(-e^{-\frac{30}{20}} + e^0\right)$$
$$= 1 + e^{-\frac{3}{2}} - 1 = e^{-\frac{3}{2}} = 0.2231$$

近似値は関数電卓を使って計算してね。

総合練習 2 (p. 91)

1. H(表)，T(裏) とも出る確率は $\frac{1}{2}$ なので

(1) $P(X=1)$
$= P(1\text{回目に H が出る}) = \boxed{\frac{1}{2}}$

$P(X=2)$
$= P(1\text{回目に T，2回目に H})$
$= \frac{1}{2} \times \frac{1}{2} = \boxed{\frac{1}{4}}$

$P(X=3)$
$= P(1\text{回目と2回目 T，3回目 H})$
$= \frac{1}{2} \times \frac{1}{2} \times \frac{1}{2} = \boxed{\frac{1}{8}}$

(2) $P(X=k)$
$= P(1\text{回目} \sim (k-1)\text{回目 T，}$
$k\text{回目 H})$
$= \underbrace{\frac{1}{2} \times \cdots \times \frac{1}{2}}_{(k-1)\text{コ}} \times \frac{1}{2} = \boxed{\frac{1}{2^k}}$

(3) $\sum_{k=1}^{+\infty} P(X=k) = \sum_{k=1}^{+\infty} \frac{1}{2^k}$
$= \frac{1}{2} + \frac{1}{2^2} + \frac{1}{2^3} + \cdots + \frac{1}{2^k} + \cdots$

初項 $\frac{1}{2}$，公比 $\frac{1}{2}$ の無限等比級数の和なので

$= \frac{1}{2} \times \frac{1}{1-\frac{1}{2}} = \boxed{1}$

2. 1袋の重さ X は $N(1000, 30^2)$ に従っているので，
$$Y = \frac{X - 1000}{30}$$
は $N(0,1)$ に従う。

$P(X \leq 950)$
$= P\left(\frac{X-1000}{30} \leq \frac{950-1000}{30}\right)$
$= P(Y \leq -1.67)$
$= 0.5 - P(0 \leq Y \leq 1.67)$
$= 0.5 - 0.4525 = 0.0475$

したがって，1000袋の中には 950 g 以下のものは
$1000 \times 0.0475 = 47.5$
より $\boxed{\text{約 48 袋}}$ あると思われる。

3. (1) $t=1$ のとき，$X_1 = 0$ となる確率なので
$P(X_1 = 0) = e^{-2 \cdot 1} \frac{(2 \cdot 1)^0}{0!}$
$= \boxed{e^{-2}} = \boxed{0.1353}$

(2) $P(\text{客が来る間隔が1分より大})$
$= P(1\text{分間に来る客数}=0)$
$= P(X_1 = 0) = \boxed{e^{-2}} = \boxed{0.1353}$

(3) (2) を一般化して
$P(\text{客が来る間隔 } T \text{ 分が } t \text{ 分より大})$
$= P(t \text{ 分間に来る客数} = 0)$
より
$P(t < T) = P(X_t = 0)$
$= e^{-2t} \frac{(2t)^0}{0!} = \boxed{e^{-2t}}$

(4) $P(a < T \leqq b)$
　　　$= P(a < T) - P(b < T)$
　　　$= e^{-2a} - e^{-2b}$

(5) $P(a < T \leqq b) = \int_a^b f(x)\,dx$

となる $f(x)$ が T の確率密度関数なので

$$P(a < T \leqq b) = e^{-2a} - e^{-2b}$$
$$= [-e^{-2x}]_a^b = \int_a^b 2e^{-2x}dx$$

したがって，T の確率密度関数 $f(x)$ は

$$f(x) = 2e^{-2x}$$

なので T は指数分布に従う。

練習問題 28 (p. 97)

データを小さい順に並べると
　　32, 40, 45, 45, 46, 46, 46, 48, 48
なので,
　　中央値 46, 　最頻値 46
である。また $x_i{}^2$ とその総和を表計算で求めておくと，右のようになるので

$\bar{x} = \dfrac{1}{9} \times 396 = $ 44.0

$\sigma^2 = \dfrac{1}{9}\sum_{i=1}^{9} x_i{}^2 - \bar{x}^2$

　　$= \dfrac{1}{9} \times 17630 - 44.0^2$

　　$= 22.8889 \fallingdotseq $ 22.89

$\sigma = \sqrt{\sigma^2}$

　　$= \sqrt{22.8889}$

　　$= 4.7842 \fallingdotseq $ 4.78

x	x^2
45	2025
48	2304
46	2116
40	1600
32	1024
46	2116
45	2025
46	2116
48	2304
Σ 396	17630

練習問題 29 (p. 103)

グラフ表現の例を示す。考察は解析者がグラフを見て読みとれることを文章にすればよい。

(1)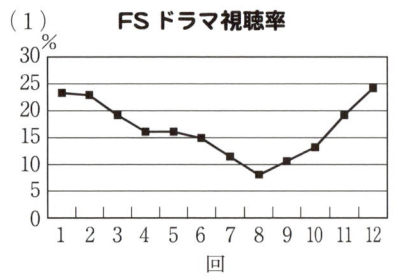

(2)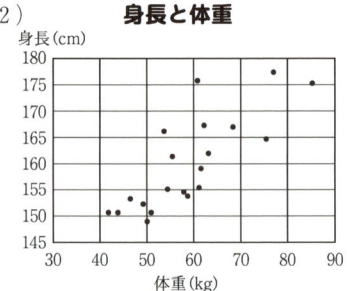

(3)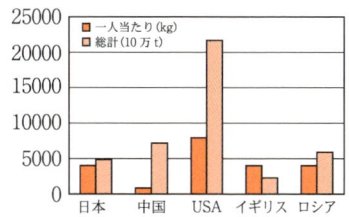

(4)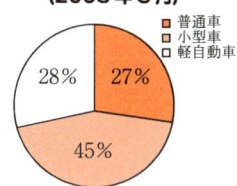

(5)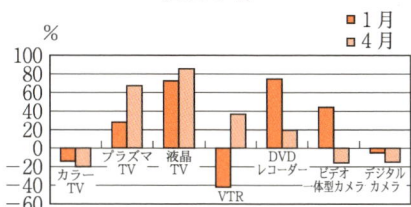

(6)　％に直しレーダーチャートにした。

	刺身定食	とんかつ定食	一日の目安
たんぱく質（％）	42.0	45.0	100
脂質（％）	10.4	77.4	100
炭水化物（％）	19.3	24.5	100
塩分（％）	45.0	52.0	100
食物繊維（％）	13.2	19.6	100
ビタミンE（％）	21.0	43.0	100
カロリー（％）	25.7	47.9	100

（グラフは下）

(7)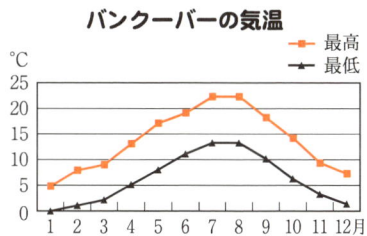

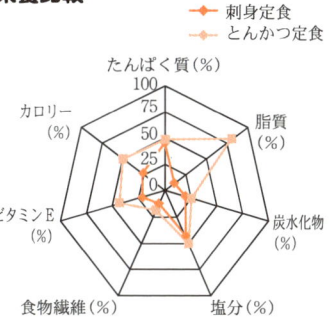

練習問題 30 (p. 107)

（1）［例］

階級 以上～未満	階級値	カウント	度数	相対 度数	累積 度数	累積 相対度数
16〜18	17	丁	2	0.10	2	0.10
18〜20	19	丁	2	0.10	4	0.20
20〜22	21	正	4	0.20	8	0.40
22〜24	23	正	4	0.20	12	0.60
24〜26	25	正	5	0.25	17	0.85
26〜28	27	丁	2	0.10	19	0.95
28〜30	29	一	1	0.05	20	1.00
計			20	1		

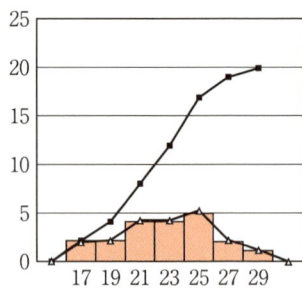

（2）右下の表計算の結果を使って

$$平均 = 456 \div 20 = \boxed{22.80}$$
$$分散 = 207.2 \div 20 = \boxed{10.36}$$
$$標準偏差 = \sqrt{10.36} = 3.2187 \fallingdotseq \boxed{3.22}$$

$$\left(\begin{array}{l} もとデータから求めると \\ 平均 = 22.84, \quad 分散 = 10.43, \\ 標準偏差 = 3.23 \end{array} \right)$$

階級値 b_i	度数 f_i	$b_i \times f_i$	$b_i - 平均$	$(b_i - 平均)^2 \times f_i$
17	2	34	−5.8	67.28
19	2	38	−3.8	28.88
21	4	84	−1.8	12.96
23	4	92	0.2	0.16
25	5	125	2.2	24.20
27	2	54	4.2	35.28
29	1	29	6.2	38.44
計	20	456		207.2

（3）平均は女子の方が大きい。男子は階級値 19〜21 に多く分布しているが，女子は全体的に平担に分布して，分散も男子より大きい。

練習問題 31 (p. 113)

(1)

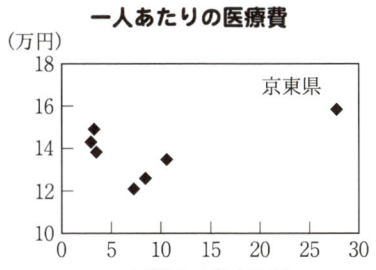

一人あたりの医療費

(2) はじめに表計算を行っておく。

x	y	x^2	y^2	xy
3.3	13.9	10.89	193.21	45.87
2.9	14.3	8.41	204.49	41.47
3.2	14.9	10.24	222.01	47.68
8.5	12.6	72.25	158.76	107.10
7.3	12.1	53.29	146.41	88.33
27.8	15.9	772.84	252.81	442.02
10.6	13.5	112.36	182.25	143.10
63.6	97.2	1040.28	1359.94	915.57

上記結果を使って

$$\bar{x} = \frac{1}{7} \times 63.6 = 9.0857$$

$$\bar{y} = \frac{1}{7} \times 97.2 = 13.8857$$

$$\sigma_x^2 = \frac{1}{7} \times 1040.28 - 9.0857^2$$
$$= 66.0615$$

$$\sigma_x = \sqrt{66.0615} = 8.1278$$

$$\sigma_y^2 = \frac{1}{7} \times 1359.94 - 13.8857^2$$
$$= 1.4645$$

$$\sigma_y = \sqrt{1.4645} = 1.2102$$

$$\sigma_{xy} = \frac{1}{7} \times 915.57 - 9.0857$$
$$\times 13.8857$$
$$= 4.6344$$

これらより

$$r = \frac{\sigma_{xy}}{\sigma_x \sigma_y} = \frac{4.6344}{8.1278 \times 1.2102}$$
$$= 0.4712 \fallingdotseq \boxed{0.47}$$

(3) [考察例] 散布図を見ると京東県を示す点は他の点よりかけ離れているはずれ値なので，相関係数 r の値が 0.47 でもこの地域の医師の人口と 1 人あたりの医療費に単純に「やや正の相関がある」とは言い難い。散布図より，この地域も 3 つのタイプに分類されるので，グループ別の分析がさらに必要であろう。

地域差がかなりありそうね。

総合練習 3 (p. 116)

(1) 度数分布表とヒストグラムはそれぞれ次のようになる。

[例]

体長度数分布表

階級 以上～未満	階級値	度数	相対 度数	累積 度数	累積 相対度数
30～40	35	2	0.07	2	0.07
40～50	45	3	0.10	5	0.17
50～60	55	4	0.13	9	0.30
60～70	65	7	0.23	16	0.53
70～80	75	7	0.23	23	0.77
80～90	85	5	0.17	28	0.93
90～100	95	2	0.07	30	1.00
計		30	1.00		

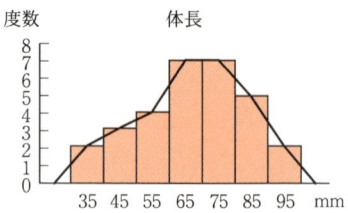

角長度数分布表

階級 以上～未満	階級値	度数	相対 度数	累積 度数	累積 相対度数
10～20	15	4	0.13	4	0.13
20～30	25	7	0.24	11	0.37
30～40	35	3	0.10	14	0.47
40～50	45	12	0.40	26	0.87
50～60	55	4	0.13	30	1.00
計		30	1.00		

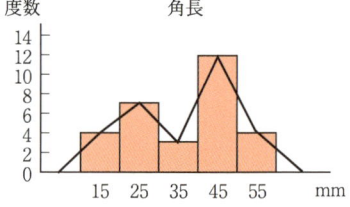

データより直接求めると

	体長	角長
平均	68.8033	35.8667
分散	301.7390	164.8062
標準偏差	17.3706	12.8377

x：体長, y：角長

x	y	x^2	y^2	xy
33.2	14.5	1102.24	210.25	481.40
38.1	15.1	1451.61	228.01	575.31
⋮	⋮	⋮	⋮	⋮
97.5	51.4	9506.25	2641.96	5011.50
98.8	51.2	9761.44	2621.44	5058.56
Σ 2064.1	1076.0	151069.13	43536.72	80236.24

[考察例] ヒストグラムを見ると，体長は平均を中心に山型に分布しているが，角長は 2 つの山に分かれている。何らかの原因で体長と角長の分布に差が出ていると思われる。

（2） 体長と角長の散布図を描くと下のようになる。

共分散，相関係数を求めると
共分散 $= 206.80$
相関係数 $= 0.93$

[**考察例**] 相関係数が 0.93 なので体長と角長には強い正の相関がある。

しかし，散布図を見ると左下のグループと右上のグループの 2 つに分かれているようにも見えるので，(1) で描いたヒストグラムも参考にして 2 つに分かれる原因をさぐる必要がある。

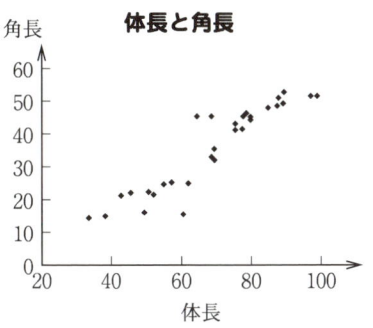

練習問題 32 (p. 121)

（1） $P(X \geq z(0.005)) = 0.005$ より
$$P(0 \leq X \leq z(0.005))$$
$$= 0.5 - 0.005 = 0.495$$
巻末 $N(0,1)$ の表より $z(0.005) = \boxed{2.58}$

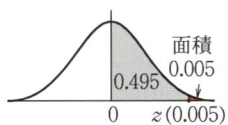

（2） $P(X \geq z(0.025)) = 0.025$ より
$$P(0 \leq X \leq z(0.025))$$
$$= 0.5 - 0.025 = 0.475$$
巻末 $N(0,1)$ の表より $z(0.025) = \boxed{1.96}$

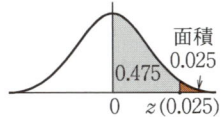

どうして 2 つのグループに分かれるのかしら？

練習問題 33 (p. 123)

巻末 t 分布の数表を用いて
（1） $t_7(0.05) = \boxed{1.895}$
（2） $t_3(0.025) = \boxed{3.182}$

練習問題 34 (p. 125)

巻末 χ^2 分布の数表を用いて
（1） $\chi_3^2(0.99) = \boxed{0.1148}$
（2） $\chi_9^2(0.01) = \boxed{21.6660}$

練習問題 35 (p. 127)

（1） 巻末 F 分布 $\alpha = 0.005$ の数表を用いて

$$F_{8,4}(0.005) = \boxed{21.352}$$

（2） 直接求める数表は巻末にないので変形して求める。

$$F_{6,2}(0.975) = \frac{1}{F_{2,6}(1-0.975)}$$

$$= \frac{1}{F_{2,6}(0.025)}$$

$\alpha = 0.025$ の F 分布表より

$$= \frac{1}{7.2599} \fallingdotseq \boxed{0.1377}$$

練習問題 36 (p. 133)

先に数表を作って計算しておく。計算結果を用いて

一袋中の菓子の重さ

x	x^2
51.9	2693.61
50.2	2520.04
50.1	2510.01
48.8	2381.44
49.7	2470.09
49.5	2450.25
50.3	2530.09
52.1	2714.41
48.5	2352.25
49.6	2460.16
Σ 500.7	25082.35

$$\bar{x} = \frac{1}{10} \times 500.7 = 50.07$$

$$\hat{s}^2 = \frac{1}{10-1} \times (25082.35 - 10 \times 50.07^2)$$

$$= 1.3668$$

これより

　平均 $\boxed{50.07}$ g，　分散 $\boxed{1.37}$ g^2

と推測される。

練習問題 37 (p. 139)

練習問題 36 の結果より
$$\bar{x} = 50.07, \quad \hat{s}^2 = 1.3668$$
である。また
$$n = 10, \quad \gamma = 0.99,$$
$$\alpha = 1 - \gamma = 0.01$$

● 母平均 μ について

巻末 t 分布の数表より
$$t_{n-1}\left(\frac{\alpha}{2}\right) = t_9(0.005) = 3.250$$

$$t_{n-1}\left(\frac{\alpha}{2}\right)\sqrt{\frac{\hat{s}^2}{n}}$$

$$= 3.250 \times \sqrt{\frac{1.3668}{10}} = 1.2015$$

上側限界 $= 50.07 + 1.2015$
$= 51.2715$

下側限界 $= 50.07 - 1.2015$
$= 48.8685$

これより母平均 μ の 99% 信頼区間はほぼ
$$\boxed{48.87 < \mu < 51.27}$$

● 母分散 σ^2 について

巻末 χ^2 分布の数表より
$$\chi^2_{n-1}\left(\frac{\alpha}{2}\right) = \chi_9^2(0.005) = 23.5894$$

$$\chi^2_{n-1}\left(1-\frac{\alpha}{2}\right) = \chi_9^2(0.995) = 1.7349$$

$$\frac{(n-1)\hat{s}^2}{\chi^2_{n-1}\left(\frac{\alpha}{2}\right)} = \frac{9 \times 1.3668}{23.5894} = 0.5215$$

$$\frac{(n-1)\hat{s}^2}{\chi^2_{n-1}\left(1-\frac{\alpha}{2}\right)} = \frac{9 \times 1.3668}{1.7349}$$

$$= 7.0904$$

これより母分散 σ^2 の 99% 信頼区間はほぼ次の通りとなる。
$$\boxed{0.52 < \sigma^2 < 7.09}$$

練習問題 38 (p. 142)

$$\alpha = 1 - 0.99 = 0.01, \quad n = 3010$$
$$\bar{x} = \frac{1632}{3010} = 0.5422$$
$$z\left(\frac{\alpha}{2}\right) = z\left(\frac{0.01}{2}\right) = z(0.005)$$
$$P(X \geqq z(0.005)) = 0.005 \text{ なので}$$
$$P(0 \leqq X \leqq z(0.005))$$
$$= 0.5 - 0.005 = 0.495$$

巻末数表より $z(0.005) = 2.58$

$$z\left(\frac{\alpha}{2}\right)\sqrt{\frac{\bar{x}(1-\bar{x})}{n}}$$

$$= 2.58 \times \sqrt{\frac{0.5422(1-0.5422)}{3010}}$$

$$= 0.0234$$

上側限界 $= 0.5422 + 0.0234$
$= 0.5656$

下側限界 $= 0.5422 - 0.0234$
$= 0.5188$

これより，票獲得率 p の 99% 信頼区間はほぼ
$$\boxed{52\% < p < 57\%}$$

練習問題 39 (p. 143)

区間の幅を d とする。$\bar{x} = 0.5422$ を代用すると，

$$d = 2z\left(\frac{0.01}{2}\right)\sqrt{\frac{0.5422(1-0.5422)}{n}}$$

$$= 2 \times 2.58\sqrt{\frac{0.2482}{n}} < 0.015$$

これより n を求めると
$$n > \left(\frac{2 \times 2.58}{0.015}\right)^2 \times 0.2482 = 29371$$

ゆえに 約 3 万人 に対する調査が必要である。

練習問題 40 (p. 147)

基本統計量を求めておく。

女性

x	x^2
22.5	506.25
22.3	497.29
23.2	538.24
25.8	665.64
24.1	580.81
25.1	630.01
22.5	506.25
25.7	660.49
191.2	4584.98

$$\bar{x} = \frac{1}{8} \times 191.2 = 23.9$$

$$\hat{s}^2 = \frac{1}{8-1}(4584.98 - 8 \times 23.9^2)$$

$$= 2.1857$$

1. $\alpha = 0.01$
2. $H_0 : \mu = 25.0$
   $H_1 : \mu \neq 25.0$
3. $T = (23.9 - 25.0) \times \sqrt{\dfrac{8}{2.1857}}$
   $= -2.1045 \fallingdotseq -2.10$
4. $t_{n-1}\left(\dfrac{\alpha}{2}\right) = t_7(0.005) = 3.499$ より
   $R : T < -3.499$ or $3.499 < T$
5. 検定統計量 T の実現値 -2.10 は棄却域 R に入っていないので，仮説 H_0 は棄てられない。つまり $\mu = 25.0$ を否定することはできない。

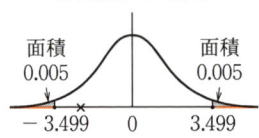

自由度 7 の t 分布

面積 0.005　　面積 0.005
-3.499　0　3.499

練習問題 41 (p. 149)

練習問題 40 の結果を流用する。

1. $\alpha = 0.05$
2. $H_0 : \mu = 25.0$
   $H_1 : \mu < 25.0$
   （インストラクターの情報より）
3. $T = -2.1045$
4. $t_{n-1}(\alpha) = t_7(0.05) = 1.895$ より
   $R : T < -1.895$ （左側検定）
5. 検定統計量の値 $T = -2.1045$ は棄却域 R に入っているので仮説 H_0 は棄てられ，対立仮説 H_1 が採用される。つまり女性の母平均 μ は 25.0 より小さいと結論付けられる。

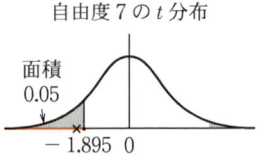

自由度 7 の t 分布

面積 0.05
-1.895　0

仮説 H_0 が正しいのに検定により棄てられてしまう誤りを「**第1種の誤り**」といいます。

仮説 H_0 が正しくないのに採用されてしまう誤りを「**第2種の誤り**」といいます。

練習問題 42 (p. 153)

男性入会時の値は例題 40 より

$\bar{x} = 26.1889$,
$\hat{s}_x^2 = 3.9855$

6 カ月後のデータの基本統計量を求めるために，右の表計算をしておく．

6 カ月後

y	y^2
22.7	515.29
26.5	702.25
24.3	590.49
26.5	702.25
25.0	625.00
23.0	529.00
26.3	691.69
27.5	756.25
201.8	5112.22

$\bar{y} = \dfrac{1}{8} \times 201.8 = 25.225$

$\hat{s}_y^2 = \dfrac{1}{8-1}(5112.22 - 8 \times 25.225^2)$
$= 3.1164$

分散の平均は $(m=9,\ n=8)$

$\hat{s}^2 =$
$\dfrac{(9-1) \times 3.9855 + (8-1) \times 3.1164}{9+8-2}$
$= 3.5799$

検定を行う．

1. $\alpha = 0.05$
2. $H_0 : \mu_x = \mu_y$
   $H_1 : \mu_x \neq \mu_y$
3. $T = \dfrac{26.1889 - 25.225}{\sqrt{\left(\dfrac{1}{9} + \dfrac{1}{8}\right) \times 3.5799}}$
   $= 1.0484 \fallingdotseq 1.048$
4. $t_{n+n-2}\left(\dfrac{\alpha}{2}\right) = t_{15}(0.025) = 2.131$ より
   $R : T < -2.131 \ \text{or}\ 2.131 < T$

練習問題 43 (p. 154)

1. $\alpha = 0.01$
2. $H_0 : \mu_x = \mu_y$
   $H_1 : \mu_x > \mu_y$
   （インストラクターの情報より）
3. $T = 1.048$ （練習問題 42 と同じ）
4. $t_{m+n-2}(\alpha) = t_{15}(0.01) = 2.602$ より
   $R : 2.60 < T$ （右側検定）
5. 検定統計量 T の実現値 1.048 は R に入っていない．したがって，仮説：$\mu_x = \mu_y$ は棄てられず，μ_x と μ_y は有意差がないと判断される．

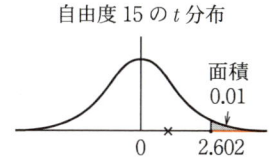

自由度 15 の t 分布

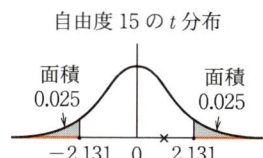

自由度 15 の t 分布

5. 検定統計量の値は $T \fallingdotseq 1.048$ なので棄却域 R に入っていない．したがって，仮説：$\mu_x = \mu_y$ は棄てられず，μ_x と μ_y の明らかな違い（有意な差）は出なかったと結論づけられる．

練習問題 44（p. 156）

練習問題 42 の結果より
$$\hat{s}_x^2 = 3.9855, \quad \hat{s}_y^2 = 3.1164$$

1. $\alpha = 0.05$
2. $H_0 : \sigma_x^2 = \sigma_y^2$
   $H_1 : \sigma_x^2 \neq \sigma_y^2$
3. $F = \dfrac{\hat{s}_x^2}{\hat{s}_y^2} = \dfrac{3.9855}{3.1164} = 1.2789 \fallingdotseq 1.28$
4. $F_{m-1, n-1}\left(\dfrac{\alpha}{2}\right) = F_{8,7}(0.025) = 4.8993$

   $F_{m-1, n-1}\left(1 - \dfrac{\alpha}{2}\right) = F_{8,7}(0.975)$
   $= \dfrac{1}{F_{7,8}(1 - 0.975)} = \dfrac{1}{F_{7,8}(0.025)}$
   $= \dfrac{1}{4.5286} = 0.2208$

   $\therefore \ R : 0 \leq F < 0.2208 \ \text{or} \ 4.8993 < F$
5. 検定統計量 F の実現値 1.28 は棄却域 R に入っていないので，仮説：$\sigma_x^2 = \sigma_y^2$ は棄てられない。つまり σ_x^2 と σ_y^2 との間に明かな違いは認められない。

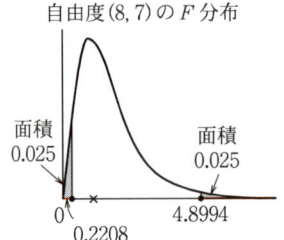

自由度 (8, 7) の F 分布

練習問題 45（p. 159）

$$n = 1550, \quad \hat{p} = \dfrac{215}{1550} = 0.1387$$

母比率 $p = 0.12$ かどうか検定を行う。

1. $\alpha = 0.05$
2. $H_0 : p = 0.12$
   $H_1 : p > 0.12$ （工場長からの情報）
3. $Z = \dfrac{0.1387 - 0.12}{\sqrt{\dfrac{0.12(1 - 0.12)}{1550}}}$
   $= 2.2656 \fallingdotseq 2.27$
4. 対立仮説の設定より右側検定
   $z(0.05) = 1.64$ より
   $R : 1.64 < Z$
5. 検定統計量 Z の実現値 2.27 は棄却域に入っているので，仮説：$p = 0.12$ は棄てられ，対立仮説：$p > 0.12$ が採用される。つまり機械の性能が落ちているとの結論に達した。

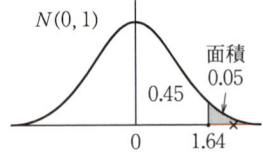

練習問題 46 (p.163)

識字率と乳児死亡率の散布図は次のようになる。

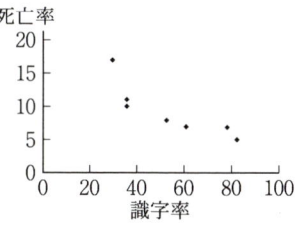

基本統計量を求めるために，表計算をしておく。（x：識字率，y：死亡率）

x	y	x^2	y^2	xy
29	17	841	289	493
60	7	3600	49	420
81	5	6561	25	405
35	11	1225	121	385
77	7	5929	49	539
52	8	2704	64	416
35	10	1225	100	350
Σ 369	65	22085	697	3008

$$\bar{x} = \frac{1}{7} \times 369 = 52.7143$$

$$\bar{y} = \frac{1}{7} \times 65 = 9.2857$$

$$s_x^2 = \frac{1}{7} \times 22085 - 52.7143^2$$
$$= 376.2026$$

$$s_y^2 = \frac{1}{7} \times 697 - 9.2857^2$$
$$= 13.3472$$

$$s_{xy} = \frac{1}{7} \times 3008$$
$$\quad - 52.7143 \times 9.2857$$
$$= -59.7749$$

$$\gamma = \frac{-59.7749}{\sqrt{376.2026}\sqrt{13.3472}}$$
$$= -0.8436$$

検定を行う。

1. $\alpha = 0.01$
2. $H_0 : \rho = 0$ （相関なし）
   $H_1 : \rho < 0$ （かねてからの情報より負の相関がある）
3. $T = \dfrac{\sqrt{7-2} \times (-0.8436)}{\sqrt{1-(-0.8436)^2}}$
   $= -3.5129 \fallingdotseq -3.513$
4. 左側検定
   $t_{n-2}(\alpha) = t_5(0.01) = 3.365$
   $R : T < -3.365$
5. 検定統計量 T の実現値 -3.513 は棄却域 R に入っているので仮説：$\rho = 0$ は棄てられ，対立仮説：$\rho < 0$ が採用される。つまり負の相関があるとの検定結果である。

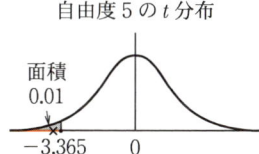

練習問題 47 (p. 169)

x を年齢, y を骨評価値として表計算を行う。

x	y	x^2	y^2	xy
45	2.7	2025	7.29	121.5
54	2.6	2916	6.76	140.4
61	2.4	3721	5.76	146.4
52	2.5	2704	6.25	130.0
48	2.6	2304	6.76	124.8
60	2.2	3600	4.84	132.0
320	15.0	17270	37.66	795.1

$$\bar{x} = \frac{1}{6} \times 320 = 53.3333$$

$$\bar{y} = \frac{1}{6} \times 15 = 2.5$$

$$s_x{}^2 = \frac{1}{6} \times 17270 - 53.3333^2$$
$$= 33.8924$$

$$s_y{}^2 = \frac{1}{6} \times 37.66 - 2.5^2 = 0.0267$$

$$s_{xy} = \frac{1}{6} \times 795.1 - 53.3333 \times 2.5$$
$$= -0.8166$$

(1) 回帰係数 a, b は
$$a = \frac{-0.8166}{33.8924} = -0.0241$$
$$b = 2.5 - (-0.0241) \times 53.3333 = 3.7853$$

ゆえに回帰直線はほぼ
$$\boxed{y = -0.0241x + 3.79}$$

(2) 散布図と回帰直線は次の通り。

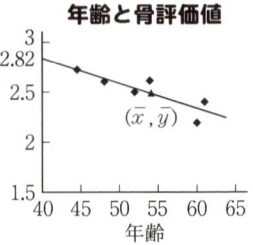

($x = 40$ のとき
$y = -0.0241 \times 40 + 3.7853 = 2.8213$)

(3) $r^2 = \dfrac{(-0.8166)^2}{33.8924 \times 0.0267} = 0.7369$

ゆえに $r^2 ≒ \boxed{0.74}$

(4) 回帰直線
$$y = -0.0241 \times x + 3.79$$
に $x = 56$ を代入すると
$$y = -0.0241 \times 56 + 3.79$$
$$= 2.4404$$
より, ほぼ $\boxed{2.4}$ と推測される。

練習問題 48 (p. 173)

90% 信頼区間なので
$$\alpha = 1 - 0.90 = 0.10$$
$$t_{n-2}\left(\frac{\alpha}{2}\right) = t_3(0.05) = 2.353$$

例題 48 の結果を用いて
$$s_b^2 = \frac{193}{5^2 \times 13.6} \times 1.1890$$
$$= 0.6749$$

より

b_0 の上側限界
$$= 4.8055 + 2.353 \times \sqrt{0.6749}$$
$$= 6.7385$$

b_0 の下側限界
$$= 4.8055 - 2.353 \times \sqrt{0.6749}$$
$$= 2.8725$$

ゆえに b_0 の 90% 信頼区間は
$$\boxed{2.87 < b_0 < 6.74}$$

練習問題 49 (p. 175)

1. $\alpha = 0.05$
2. $H_0 : a_0 = 1.2$
   $H_1 : a_0 \neq 1.2$
3. 例題 48 の結果を使って
$$T_a = \frac{1.2309 - 1.2}{\sqrt{0.0175}}$$
$$= 0.2336 \fallingdotseq 0.234$$
4. 両側検定なので
$$t_{5-2}\left(\frac{0.05}{2}\right) = t_3(0.025) = 3.182$$
$$R : T_a < -3.182 \quad \text{or} \quad 3.182 < T_a$$
5. 検定統計量 T_a の実現値 0.234 は棄却域 R に入っていないので
$$仮説 : a_0 = 1.2$$
は棄てられない。

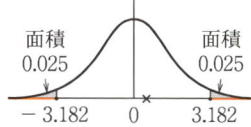

自由度 3 の t 分布

総合練習 4 (p. 176)

[解析例]
- 散布図をグループ別に描くと右のようになる。
- 全体およびグループ別に基本統計量および相関係数と回帰直線を求める。

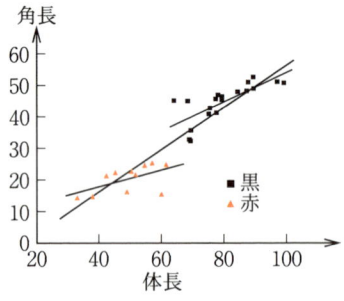

色別グループ分け

全体	体長 x	角長 y
標本平均	68.8033	35.8667
標本分散	312.1438	170.4892
標本標準偏差	17.6676	13.0572
相関係数	0.9273	
回帰直線	$y = 0.6853x - 11.2873$	
決定係数	0.8600	

赤	体長	角長
標本平均	49.5091	20.4636
標本分散	81.8669	18.1625
標本標準偏差	9.0480	4.2618
相関係数	0.5589	
回帰直線	$y = 0.2632x + 7.4304$	
決定係数	0.3124	

黒	体長	角長
標本平均	79.9737	44.7842
標本分散	98.2109	35.6581
標本標準偏差	9.9101	5.9714
相関係数	0.7760	
回帰直線	$y = 0.4676x + 7.3885$	
決定係数	0.6022	

- 比 = 角長/体長 を求め，グループごとの基本統計量を求める。

色	個体 No.	角長/体長 z	z^2
赤	1	0.4367	0.1907
	2	0.3963	0.1571
	⋮	⋮	⋮
	10	0.2591	0.0672
	11	0.4061	0.1650
		4.5944	1.9688

色	個体 No.	角長/体長 z	z^2
黒	12	0.7030	0.4941
	13	0.6613	0.4373
	⋮	⋮	⋮
	29	0.5272	0.2779
	30	0.5182	0.2686
		10.6651	6.0419

角長/体長	赤 (R)	黒 (B)
標本平均	0.4177	0.5613
標本分散	0.00498	0.00307
標本標準偏差	0.0706	0.0554

- 比について，等分散性の検定を行う．
  1. $\alpha = 0.05$
  2. $H_0 : \sigma_R{}^2 = \sigma_B{}^2$
     $H_1 : \sigma_R{}^2 \neq \sigma_B{}^2$ （両側検定）
  3. $F = \dfrac{\hat{s}_R{}^2}{\hat{s}_B{}^2} = 1.62$
  4. $R : 0 \leqq F < 0.29$ or $2.87 < F$
  5. H_0 は棄却されない．

- 比について母平均の差の検定を行う．
  （等分散性の検定結果より $\sigma_R{}^2 = \sigma_B{}^2$ と仮定する．）
  1. $\alpha = 0.05$
  2. $H_0 : \mu_R = \mu_B$
     $H_1 : \mu_R < \mu_B$ （左側検定）
  3. $\hat{s}^2 = 0.00375$
     $T = -6.189$
  4. $R : T < -1.701 (= t_{28}(0.05))$
  5. H_0 は棄却され，H_1 が採用される．

[考察例] グループ別の相関係数より全体の相関係数の方が大きく，決定係数も高いので，体長と角長との間にはほぼ直線的な関係があると言ってもよいだろう．

角長と体長の比についての検定結果より，2つのグループには差があることが検証された．つまり，体長が，ある一定の範囲を超えると，より大きい比率の角をもつことがわかった．

$$F_{10,18}(0.025) = 2.8664$$
$$F_{10,18}(0.975) = \dfrac{1}{F_{18,10}(0.025)} = \dfrac{1}{3.4534} \fallingdotseq 0.29$$

[余談] カブトムシの雄が大きな角をもつかどうかは蛹(さなぎ)になるときの体の大きさに基づいて決定される．つまり，幼虫のときの食料事情により，蛹になるときに角へ投資するかしないかどちらかのパターンが決定される．

角の大きい雄はリスクの多い闘争型．樹液の出る餌場で他の雄と戦いながら雌を待つ．

角の小さい雄はリスクの小さい探索型．戦いを避け，広範囲に行動して雌をさがす．

（『生き物の進化ゲーム』酒井他著，共立出版より）

将来，是非統計を役立ててね．

ギリシア文字一覧表

大文字	小文字	読み方
A	α	アルファ
B	β	ベータ
Γ	γ	ガンマ
Δ	δ	デルタ
E	ε	イプシロン
Z	ζ	ゼータ
H	η	エータ
Θ	θ	シータ
I	ι	イオタ
K	κ	カッパ
Λ	λ	ラムダ
M	μ	ミュー
N	ν	ニュー
Ξ	ξ	クシー，グザイ
O	o	オミクロン
Π	π	パイ
P	ρ	ロー
Σ	σ	シグマ
T	τ	タウ
Υ	υ	ユプシロン
Φ	ϕ	ファイ
X	χ	カイ
Ψ	ψ	プシー，プサイ
Ω	ω	オメガ

数　表

数表 1. 標準正規分布 $N(0, 1)$ ……………………………… 208～209

a に対する
$p = \dfrac{1}{\sqrt{2\pi}} \displaystyle\int_0^a e^{-\frac{1}{2}x^2} dx$ の値

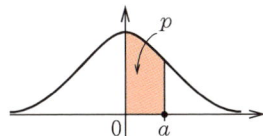

数表 2. 自由度 n の t 分布パーセント点 ……………………………… 210

α に対する $t_n(\alpha)$ の値

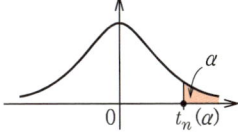

数表 3. 自由度 n の χ^2 分布パーセント点 ……………………………… 211

α に対する $\chi_n^2(\alpha)$ の値

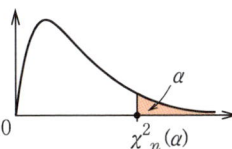

数表 4. 自由度 (m, n) の F 分布パーセント点 ……………………… 212～215

α に対する $F_{m,n}(\alpha)$ の値

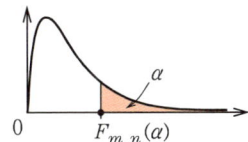

数表1　標準正規分布 $N(0, 1)$

$$p = P(0 \leq X \leq a) = \frac{1}{\sqrt{2\pi}} \int_0^a e^{-\frac{1}{2}x^2} dx \text{ の値}$$

a	0.00	0.01	0.02	0.03	0.04
0.0	0.0000	0.0040	0.0080	0.0120	0.0160
0.1	0.0398	0.0438	0.0478	0.0517	0.0557
0.2	0.0793	0.0832	0.0871	0.0910	0.0948
0.3	0.1179	0.1217	0.1255	0.1293	0.1331
0.4	0.1554	0.1591	0.1628	0.1664	0.1700
0.5	0.1915	0.1950	0.1985	0.2019	0.2054
0.6	0.2257	0.2291	0.2324	0.2357	0.2389
0.7	0.2580	0.2611	0.2642	0.2673	0.2704
0.8	0.2881	0.2910	0.2939	0.2967	0.2995
0.9	0.3159	0.3186	0.3212	0.3238	0.3264
1.0	0.3413	0.3438	0.3461	0.3485	0.3508
1.1	0.3643	0.3665	0.3686	0.3708	0.3729
1.2	0.3849	0.3869	0.3888	0.3907	0.3925
1.3	0.40320	0.40490	0.40658	0.40824	0.40988
1.4	0.41924	0.42073	0.42220	0.42364	0.42507
1.5	0.43319	0.43448	0.43574	0.43699	0.43822
1.6	0.44520	0.44630	0.44738	0.44845	0.44950
1.7	0.45543	0.45637	0.45728	0.45818	0.45907
1.8	0.46407	0.46485	0.46562	0.46638	0.46712
1.9	0.47128	0.47193	0.47257	0.47320	0.47381
2.0	0.47725	0.47778	0.47831	0.47882	0.47932
2.1	0.48214	0.48257	0.48300	0.48341	0.48382
2.2	0.48610	0.48645	0.48679	0.48713	0.48745
2.3	0.48928	0.48956	0.48983	0.490097	0.490358
2.4	0.491802	0.492024	0.492240	0.492451	0.492656
2.5	0.493790	0.493963	0.494132	0.494297	0.494457
2.6	0.495339	0.495473	0.495604	0.495731	0.495855
2.7	0.496533	0.496636	0.496736	0.496833	0.496928
2.8	0.497445	0.497523	0.497599	0.497673	0.497744
2.9	0.498134	0.498193	0.498250	0.498305	0.498359
3.0	0.498650	0.498694	0.498736	0.498777	0.498817
3.1	0.4990324	0.4990646	0.4990957	0.4991260	0.4991553
3.2	0.4993129	0.4993363	0.4993590	0.4993810	0.4994024
3.3	0.4995166	0.4995335	0.4995499	0.4995658	0.4995811
3.4	0.4996631	0.4996752	0.4996869	0.4996982	0.4997091
3.5	0.4997674	0.4997759	0.4997842	0.4997922	0.4997999
3.6	0.4998409	0.4998469	0.4998527	0.4998583	0.4998637
3.7	0.4998922	0.4998964	0.49990039	0.49990426	0.49990799
3.8	0.49992765	0.49993052	0.49993327	0.49993593	0.49993848
3.9	0.49995190	0.49995385	0.49995573	0.49995753	0.49995926
4.0	0.49996833	0.49996964	0.49997090	0.49997211	0.49997327

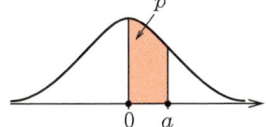

0.05	0.06	0.07	0.08	0.09
0.0199	0.0239	0.0279	0.0319	0.0359
0.0596	0.0636	0.0675	0.0714	0.0753
0.0987	0.1026	0.1064	0.1103	0.1141
0.1368	0.1406	0.1443	0.1480	0.1517
0.1736	0.1772	0.1808	0.1844	0.1879
0.2088	0.2123	0.2157	0.2190	0.2224
0.2422	0.2454	0.2486	0.2517	0.2549
0.2734	0.2764	0.2794	0.2823	0.2852
0.3023	0.3051	0.3078	0.3106	0.3133
0.3289	0.3315	0.3340	0.3365	0.3389
0.3531	0.3554	0.3577	0.3599	0.3621
0.3749	0.3770	0.3790	0.3810	0.3830
0.3944	0.3962	0.3980	0.3997	0.40147
0.41149	0.41309	0.41466	0.41621	0.41774
0.42647	0.42785	0.42922	0.43056	0.43189
0.43943	0.44062	0.44179	0.44295	0.44408
0.45053	0.45154	0.45254	0.45352	0.45449
0.45994	0.46080	0.46164	0.46246	0.46327
0.46784	0.46856	0.46926	0.46995	0.47062
0.47441	0.47500	0.47558	0.47615	0.47670
0.47982	0.48030	0.48077	0.48124	0.48169
0.48422	0.48461	0.48500	0.48537	0.48574
0.48778	0.48809	0.48840	0.48870	0.48899
0.490613	0.490863	0.491106	0.491344	0.491576
0.492857	0.493053	0.493244	0.493431	0.493613
0.494614	0.494766	0.494915	0.495060	0.495201
0.495975	0.496093	0.496207	0.496319	0.496427
0.497020	0.497110	0.497197	0.497282	0.497365
0.497814	0.497882	0.497948	0.498012	0.498074
0.498411	0.498462	0.498511	0.498559	0.498605
0.498856	0.498893	0.498930	0.498965	0.498999
0.4991836	0.4992112	0.4992378	0.4992636	0.4992886
0.4994230	0.4994429	0.4994623	0.4994810	0.4994991
0.4995959	0.4996103	0.4996242	0.4996376	0.4996505
0.4997197	0.4997299	0.4997398	0.4997493	0.4997585
0.4998074	0.4998146	0.4998215	0.4998282	0.4998347
0.4998689	0.4998739	0.4998787	0.4998834	0.4998879
0.49991158	0.49991504	0.49991838	0.49992159	0.49992468
0.49994094	0.49994331	0.49994558	0.49994777	0.49994988
0.49996092	0.49996253	0.49996406	0.49996554	0.49996696
0.49997439	0.49997546	0.49997649	0.49997748	0.49997843

数表2 自由度 n の t 分布パーセント点

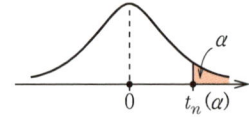

n \ α	0.25	0.1	0.05	0.025	0.01	0.005
1	1.000	3.078	6.314	12.706	31.821	63.657
2	0.816	1.886	2.920	4.303	6.965	9.925
3	0.765	1.638	2.353	3.182	4.541	5.841
4	0.741	1.533	2.132	2.776	3.747	4.604
5	0.727	1.476	2.015	2.571	3.365	4.032
6	0.718	1.440	1.943	2.447	3.143	3.707
7	0.711	1.415	1.895	2.365	2.998	3.499
8	0.706	1.397	1.860	2.306	2.896	3.355
9	0.703	1.383	1.833	2.262	2.821	3.250
10	0.700	1.372	1.812	2.228	2.764	3.169
11	0.697	1.363	1.796	2.201	2.718	3.106
12	0.695	1.356	1.782	2.179	2.681	3.055
13	0.694	1.350	1.771	2.160	2.650	3.012
14	0.692	1.345	1.761	2.145	2.624	2.977
15	0.691	1.341	1.753	2.131	2.602	2.947
16	0.690	1.337	1.746	2.120	2.583	2.921
17	0.689	1.333	1.740	2.110	2.567	2.898
18	0.688	1.330	1.734	2.101	2.552	2.878
19	0.688	1.328	1.729	2.093	2.539	2.861
20	0.687	1.325	1.725	2.086	2.528	2.845
21	0.686	1.323	1.721	2.080	2.518	2.831
22	0.686	1.321	1.717	2.074	2.508	2.819
23	0.685	1.319	1.714	2.069	2.500	2.807
24	0.685	1.318	1.711	2.064	2.492	2.797
25	0.684	1.316	1.708	2.060	2.485	2.787
26	0.684	1.315	1.706	2.056	2.479	2.779
27	0.684	1.314	1.703	2.052	2.473	2.771
28	0.683	1.313	1.701	2.048	2.467	2.763
29	0.683	1.311	1.699	2.045	2.462	2.756
30	0.683	1.310	1.697	2.042	2.457	2.750
40	0.681	1.303	1.684	2.021	2.423	2.704
50	0.679	1.299	1.676	2.009	2.403	2.678
60	0.679	1.296	1.671	2.000	2.390	2.660
70	0.678	1.294	1.667	1.994	2.381	2.648
80	0.678	1.292	1.664	1.990	2.374	2.639
90	0.677	1.291	1.662	1.987	2.368	2.632
100	0.677	1.290	1.660	1.984	2.364	2.626
110	0.677	1.289	1.659	1.982	2.361	2.621
120	0.677	1.289	1.658	1.980	2.358	2.617
∞	0.674	1.282	1.645	1.960	2.326	2.576

数表3 自由度 n の χ^2 分布パーセント点

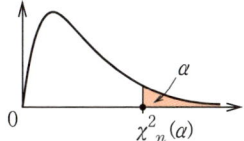

α n	0.995	0.990	0.975	0.950	0.050	0.025	0.010	0.005
1	3.92704×10^{-5}	1.57088×10^{-4}	9.82069×10^{-4}	3.93214×10^{-3}	3.84146	5.02389	6.63490	7.87944
2	0.0100251	0.0201007	0.0506356	0.102587	5.99146	7.37776	9.21034	10.5966
3	0.0717218	0.114832	0.215795	0.351846	7.81473	9.34840	11.3449	12.8382
4	0.206989	0.297109	0.484419	0.710723	9.48773	11.1433	13.2767	14.8603
5	0.411742	0.554298	0.831212	1.145476	11.0705	12.8325	15.0863	16.7496
6	0.675727	0.872090	1.237344	1.63538	12.5916	14.4494	16.8119	18.5476
7	0.989256	1.239042	1.68987	2.16735	14.0671	16.0128	18.4753	20.2777
8	1.344413	1.646497	2.17973	2.73264	15.5073	17.5345	20.0902	21.9550
9	1.734933	2.087901	2.70039	3.32511	16.9190	19.0228	21.6660	23.5894
10	2.15586	2.55821	3.24697	3.94030	18.3070	20.4832	23.2093	25.1882
11	2.60322	3.05348	3.81575	4.57481	19.6751	21.9200	24.7250	26.7568
12	3.07382	3.57057	4.40379	5.22603	21.0261	23.3367	26.2170	28.2995
13	3.56503	4.10692	5.00875	5.89186	22.3620	24.7356	27.6882	29.8195
14	4.07467	4.66043	5.62873	6.57063	23.6848	26.1189	29.1412	31.3193
15	4.60092	5.22935	6.26214	7.26094	24.9958	27.4884	30.5779	32.8013
16	5.14221	5.81221	6.90766	7.96165	26.2962	28.8454	31.9999	34.2672
17	5.69722	6.40776	7.56419	8.67176	27.5871	30.1910	33.4087	35.7185
18	6.26480	7.01491	8.23075	9.39046	28.8693	31.5264	34.8053	37.1565
19	6.84397	7.63273	8.90652	10.1170	30.1435	32.8523	36.1909	38.5823
20	7.43384	8.26040	9.59078	10.8508	31.4104	34.1696	37.5662	39.9968
21	8.03365	8.89720	10.28290	11.5913	32.6706	35.4789	38.9322	41.4011
22	8.64272	9.54249	10.9823	12.3380	33.9244	36.7807	40.2894	42.7957
23	9.26042	10.19572	11.6886	13.0905	35.1725	38.0756	41.6384	44.1813
24	9.88623	10.8564	12.4012	13.8484	36.4150	39.3641	42.9798	45.5585
25	10.5197	11.5240	13.1197	14.6114	37.6525	40.6465	44.3141	46.9279
26	11.1602	12.1981	13.8439	15.3792	38.8851	41.9232	45.6417	48.2899
27	11.8076	12.8785	14.5734	16.1514	40.1133	43.1945	46.9629	49.6449
28	12.4613	13.5647	15.3079	16.9279	41.3371	44.4608	48.2782	50.9934
29	13.1211	14.2565	16.0471	17.7084	42.5570	45.7223	49.5879	52.3356
30	13.7867	14.9535	16.7908	18.4927	43.7730	46.9792	50.8922	53.6720
40	20.7065	22.1643	24.4330	26.5093	55.7585	59.3417	63.6907	66.7660
50	27.9907	29.7067	32.3574	34.7643	67.5048	71.4202	76.1539	79.4900
60	35.5345	37.4849	40.4817	43.1880	79.0819	83.2977	88.3794	91.9517
70	43.2752	45.4417	48.7576	51.7393	90.5312	95.0232	100.425	104.215
80	51.1719	53.5401	57.1532	60.3915	101.879	106.629	112.329	116.321
90	59.1963	61.7541	65.6466	69.1260	113.145	118.136	124.116	128.299
100	67.3276	70.0649	74.2219	77.9295	124.342	129.561	135.807	140.169

数表 4 自由度 (m, n) の F 分布パーセント点

$F_{m,n}(0.025)$ のパーセント点

n \ m	1	2	3	4	5	6	7	8	9
1	647.79	799.50	864.16	899.58	921.85	937.11	948.22	956.66	963.28
2	38.506	39.000	39.165	39.248	39.298	39.331	39.355	39.373	39.387
3	17.443	16.044	15.439	15.101	14.885	14.735	14.624	14.540	14.473
4	12.218	10.649	9.9792	9.6045	9.3645	9.1973	9.0741	8.9796	8.9047
5	10.007	8.4336	7.7636	7.3879	7.1464	6.9777	6.8531	6.7572	6.6811
6	8.8131	7.2599	6.5988	6.2272	5.9876	5.8198	5.6955	5.5996	5.5234
7	8.0727	6.5415	5.8898	5.5226	5.2852	5.1186	4.9949	4.8993	4.8232
8	7.5709	6.0595	5.4160	5.0526	4.8173	4.6517	4.5286	4.4333	4.3572
9	7.2093	5.7147	5.0781	4.7181	4.4844	4.3197	4.1970	4.1020	4.0260
10	6.9367	5.4564	4.8256	4.4683	4.2361	4.0721	3.9498	9.8549	3.7790
11	6.7241	5.2559	4.6300	4.2751	4.0440	3.8807	3.7586	3.6638	3.5879
12	6.5538	5.0959	4.4742	4.1212	3.8911	3.7283	3.6065	3.5118	3.4358
13	6.4143	4.9653	4.3472	3.9959	3.7667	3.6043	3.4827	3.3880	3.3120
14	6.2979	4.8567	4.2417	3.8919	3.6634	3.5014	3.3799	3.2853	3.2093
15	6.1995	4.7650	4.1528	3.8043	3.5764	3.4147	3.2934	3.1987	3.1227
16	6.1151	4.6867	4.0768	3.7294	3.5021	3.3406	3.2194	3.1248	3.0488
17	6.0420	4.6189	4.0112	3.6648	3.4379	3.2767	3.1556	3.0610	2.9849
18	5.9781	4.5597	3.9539	3.6083	3.3820	3.2209	3.0999	3.0053	2.9291
19	5.9216	4.5075	3.9034	3.5587	3.3327	3.1718	3.0509	2.9563	2.8801
20	5.8715	4.4613	3.8587	3.5147	3.2891	3.1283	3.0074	2.9128	2.8365
21	5.8266	4.4199	3.8188	3.4754	3.2501	3.0895	2.9686	2.8740	2.7977
22	5.7863	4.3828	3.7829	3.4401	3.2151	3.0546	2.9338	2.8392	2.7628
23	5.7498	4.3492	3.7505	3.4083	3.1835	3.0232	2.9023	2.8077	2.7313
24	5.7166	4.3187	3.7211	3.3794	3.1548	2.9946	2.8738	2.7791	2.7027
25	5.6864	4.2909	3.6943	3.3530	3.1287	2.9685	2.8478	2.7531	2.6766
26	5.6586	4.2655	3.6697	3.3289	3.1048	2.9447	2.8240	2.7293	2.6528
27	5.6331	4.2421	3.6472	3.3067	3.0828	2.9228	2.8021	2.7074	2.6309
28	5.6096	4.2205	3.6264	3.2863	3.0626	2.9027	2.7820	2.6872	2.6106
29	5.5878	4.2006	3.6072	3.2674	3.0438	2.8840	2.7633	2.6686	2.5919
30	5.5675	4.1821	3.5894	3.2499	3.0265	2.8667	2.7460	2.6513	2.5746
40	5.4239	4.0510	3.4633	3.1261	2.9037	2.7444	2.6238	2.5289	2.4519
60	5.2856	3.9253	3.3425	3.0077	2.7863	2.6274	2.5068	2.4117	2.3344
120	5.1523	3.8046	3.2269	2.8943	2.6740	2.5154	2.3948	2.2994	2.2217
∞	5.0239	3.6889	3.1161	2.7858	2.5665	2.4082	2.2875	2.1918	2.1136

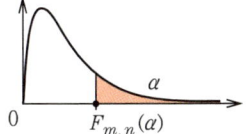

$\alpha = 0.025$

10	12	15	18	20	30	40	60	120	∞
968.63	976.71	984.87	990.35	993.10	1001.4	1005.6	1009.8	1014.0	1018.3
39.398	39.415	39.431	39.442	39.448	39.465	39.473	39.481	39.490	39.498
14.419	14.337	14.253	14.196	14.167	14.081	14.037	13.992	13.947	13.902
8.8439	8.7512	8.6565	8.5924	8.5599	8.4613	8.4111	8.3604	8.3092	8.2573
6.6192	6.5245	6.4277	6.3619	6.3286	6.2269	6.1750	6.1225	6.0693	6.0153
5.4613	5.3662	5.2687	5.2021	5.1684	5.0652	5.0125	4.9589	4.9044	4.8491
4.7611	4.6658	4.5678	4.5008	4.4667	4.3624	4.3089	4.2544	4.1989	4.1423
4.2951	4.1997	4.1012	4.0338	3.9995	3.8940	3.8398	3.7844	3.7279	3.6702
3.9639	3.8682	3.7694	3.7015	3.6669	3.5604	3.5055	3.4493	3.3918	3.3329
3.7168	3.6209	3.5217	3.4534	3.4185	3.3110	3.2554	3.1984	3.1399	3.0798
3.5257	3.4296	3.3299	3.2612	3.2261	3.1176	3.0613	3.0035	2.9441	2.8828
3.3736	3.2773	3.1772	3.1081	3.0728	2.9633	2.9063	2.8478	2.7874	2.7249
3.2497	3.1532	3.0527	2.9832	2.9477	2.8372	2.7797	2.7204	2.6590	2.5955
3.1469	3.0502	2.9493	2.8795	2.8437	2.7324	2.6742	2.6142	2.5519	2.4872
3.0602	2.9633	2.8621	2.7919	2.7559	2.6437	2.5850	2.5242	2.4611	2.3953
2.9862	2.8890	2.7875	2.7170	2.6808	2.5678	2.5085	2.4471	2.3831	2.3163
2.9222	2.8249	2.7230	2.6522	2.6158	2.5020	2.4422	2.3801	2.3153	2.2474
2.8664	2.7689	2.6667	2.5956	2.5590	2.4445	2.3842	2.3214	2.2558	2.1869
2.8172	2.7196	2.6171	2.5457	2.5089	2.3937	2.3329	2.2696	2.2032	2.1333
2.7737	2.6758	2.5731	2.5014	2.4645	2.3486	2.2873	2.2234	2.1562	2.0853
2.7348	2.6368	2.5338	2.4618	2.4247	2.3082	2.2465	2.1819	2.1141	2.0422
2.6998	2.6017	2.4984	2.4262	2.3890	2.2718	2.2097	2.1446	2.0760	2.0032
2.6682	2.5699	2.4665	2.3940	2.3567	2.2389	2.1763	2.1107	2.0415	1.9677
2.6396	2.5411	2.4374	2.3648	2.3273	2.2090	2.1460	2.0799	2.0099	1.9353
2.6135	2.5149	2.4110	2.3381	2.3005	2.1816	2.1183	2.0516	1.9811	1.9055
2.5896	2.4908	2.3867	2.3137	2.2759	2.1565	2.0928	2.0257	1.9545	1.8781
2.5676	2.4688	2.3644	2.2912	2.2533	2.1334	2.0693	2.0018	1.9299	1.8527
2.5473	2.4484	2.3438	2.2704	2.2324	2.1121	2.0477	1.9797	1.9072	1.8291
2.5286	2.4295	2.3248	2.2512	2.2131	2.0923	2.0276	1.9591	1.8861	1.8072
2.5112	2.4120	2.3072	2.2334	2.1952	2.0739	2.0089	1.9400	1.8664	1.7867
2.3882	2.2882	2.1819	2.1068	2.0677	1.9429	1.8752	1.8028	1.7242	1.6371
2.2702	2.1692	2.0613	1.9846	1.9445	1.8152	1.7440	1.6668	1.5810	1.4821
2.1570	2.0548	1.9450	1.8663	1.8249	1.6899	1.6141	1.5299	1.4327	1.3104
2.0483	1.9447	1.8326	1.7515	1.7085	1.5660	1.4835	1.3883	1.2684	1.0000

$F_{m,n}(0.005)$ のパーセント点

n \ m	1	2	3	4	5	6	7	8	9
1	16211	20000	21615	22500	23056	23437	23715	23925	24091
2	198.50	199.00	199.17	199.25	199.30	199.33	199.36	199.37	199.39
3	55.552	49.799	47.467	46.195	45.392	44.838	44.434	44.126	43.882
4	31.333	26.284	24.259	23.155	22.456	21.975	21.622	21.352	21.139
5	22.785	18.314	16.530	15.556	14.940	14.513	14.200	13.961	13.772
6	18.635	14.544	12.917	12.028	11.464	11.073	10.783	10.566	10.391
7	16.236	12.404	10.882	10.050	9.5221	9.1553	8.8854	8.6781	8.5138
8	14.688	11.042	9.5965	8.8051	8.3018	7.9520	7.6941	7.4959	7.3386
9	13.614	10.107	8.7171	7.9559	7.4712	7.1339	6.8849	6.6933	6.5411
10	12.826	9.4270	8.0807	7.3428	6.8724	6.5446	6.3025	6.1159	5.9676
11	12.226	8.9122	7.6004	6.8809	6.4217	6.1016	5.8648	5.6821	5.5368
12	11.754	8.5096	7.2258	6.5211	6.0711	5.7570	5.5245	5.3451	5.2021
13	11.374	8.1865	6.9258	6.2335	5.7910	5.4819	5.2529	5.0761	4.9351
14	11.060	7.9216	6.6804	5.9984	5.5623	5.2574	5.0313	4.8566	4.7173
15	10.798	7.7008	6.4760	5.8029	5.3721	5.0708	4.8473	4.6744	4.5364
16	10.575	7.5138	6.3034	5.6378	5.2117	4.9134	4.6920	4.5207	4.3838
17	10.384	7.3536	6.1556	5.4967	5.0746	4.7789	4.5594	4.3894	4.2535
18	10.218	7.2148	6.0278	5.3746	4.9560	4.6627	4.4448	4.2759	4.1410
19	10.073	7.0935	5.9161	5.2681	4.8526	4.5614	4.3448	4.1770	4.0428
20	9.9439	6.9865	5.8177	5.1743	4.7616	4.4721	4.2569	4.0900	3.9564
21	9.8295	6.8914	5.7304	5.0911	4.6809	4.3931	4.1789	4.0128	3.8799
22	9.7271	6.8064	5.6524	5.0168	4.6088	4.3225	4.1094	3.9440	3.8116
23	9.6348	6.7300	5.5823	4.9500	4.5441	4.2591	4.0469	3.8822	3.7502
24	9.5513	6.6609	5.5190	4.8898	4.4857	4.2019	3.9905	3.8264	3.6949
25	9.4753	6.5982	5.4615	4.8351	4.4327	4.1500	3.9394	3.7758	3.6447
26	9.4059	6.5409	5.4091	4.7852	4.3844	4.1027	3.8928	3.7297	3.5989
27	9.3423	6.4885	5.3611	4.7396	4.3402	4.0594	3.8501	3.6875	3.5571
28	9.2838	6.4403	5.3170	4.6977	4.2996	4.0197	3.8110	3.6487	3.5186
29	9.2297	6.3958	5.2764	4.6591	4.2622	3.9831	3.7749	3.6131	3.4832
30	9.1797	6.3547	5.2388	4.6234	4.2276	3.9492	3.7416	3.5801	3.4505
40	8.8279	6.0664	4.9758	4.3738	3.9860	3.7129	3.5088	3.3498	3.2220
60	8.4946	5.7950	4.7290	4.1399	3.7599	3.4918	3.2911	3.1344	3.0083
120	8.1788	5.5393	4.4972	3.9207	3.5482	3.2849	3.0874	2.9330	2.8083
∞	7.8794	5.2983	4.2794	3.7151	3.3499	3.0913	2.8968	2.7444	2.6210

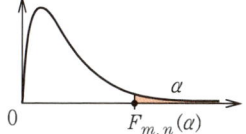

$\alpha = 0.005$

10	12	15	18	20	30	40	60	120	∞
24224	24426	24630	24767	24836	25044	25148	25253	25359	25464
199.40	199.42	199.43	199.44	199.45	199.47	199.47	199.48	199.49	199.50
43.686	43.387	43.085	42.880	42.778	42.466	42.308	42.149	41.989	41.828
20.967	20.705	20.438	20.258	20.167	19.892	19.752	19.611	19.468	19.325
13.618	13.384	13.146	12.985	12.903	12.656	12.530	12.402	12.274	12.144
10.250	10.034	9.8140	9.6644	9.5888	9.3582	9.2408	9.1219	9.0015	8.8793
8.3803	8.1764	7.9678	7.8258	7.7540	7.5345	7.4224	7.3088	7.1933	7.0760
7.2106	7.0149	6.8143	6.6775	6.6082	6.3961	6.2875	6.1772	6.0649	5.9506
6.4172	6.2274	6.0321	5.8994	5.8318	5.6248	5.5186	5.4104	5.3001	5.1875
5.8467	5.6613	5.4707	5.3403	5.2740	5.0706	4.9659	4.8592	4.7501	4.6385
5.4183	5.2363	5.0489	4.9205	4.8552	4.6543	4.5508	4.4450	4.3367	4.2255
5.0855	4.9062	4.7213	4.5945	4.5299	4.3309	4.2282	4.1229	4.0149	3.9039
4.8199	4.6429	4.4600	4.3344	4.2703	4.0727	3.9704	3.8655	3.7577	3.6465
4.6034	4.4281	4.2468	4.1221	4.0585	3.8619	3.7600	3.6552	3.5473	3.4359
4.4235	4.2497	4.0698	3.9459	3.8826	3.6867	3.5850	3.4803	3.3722	3.2602
4.2719	4.0994	3.9205	3.7972	3.7342	3.5389	3.4372	3.3324	3.2240	3.1115
4.1424	3.9709	3.7929	3.6701	3.6073	3.4124	3.3108	3.2058	3.0971	2.9839
4.0305	3.8599	3.6827	3.5603	3.4977	3.3030	3.2014	3.0962	2.9871	2.8732
3.9329	3.7631	3.5866	3.4645	3.4020	3.2075	3.1058	3.0004	2.8908	2.7762
3.8470	3.6779	3.5020	3.3802	3.3178	3.1234	3.0215	2.9159	2.8058	2.6904
3.7709	3.6024	3.4270	3.3054	3.2431	3.0488	2.9467	2.8408	2.7302	2.6140
3.7030	3.5350	3.3600	3.2387	3.1764	2.9821	2.8799	2.7736	2.6625	2.5455
3.6420	3.4745	3.2999	3.1787	3.1165	2.9221	2.8197	2.7132	2.6015	2.4837
3.5870	3.4199	3.2456	3.1246	3.0624	2.8679	2.7654	2.6585	2.5463	2.4276
3.5370	3.3704	3.1963	3.0754	3.0133	2.8187	2.7160	2.6088	2.4961	2.3765
3.4916	3.3252	3.1515	3.0306	2.9685	2.7738	2.6709	2.5633	2.4501	2.3297
3.4499	3.2839	3.1104	2.9896	2.9275	2.7327	2.6296	2.5217	2.4079	2.2867
3.4117	3.2460	3.0727	2.9520	2.8899	2.6949	2.5916	2.4834	2.3690	2.2470
3.3765	3.2110	3.0379	2.9173	2.8551	2.6600	2.5565	2.4479	2.3331	2.2102
3.3440	3.1787	3.0057	2.8852	2.8230	2.6278	2.5241	2.4151	2.2998	2.1760
3.1167	2.9531	2.7811	2.6607	2.5984	2.4015	2.2958	2.1838	2.0636	1.9318
2.9042	2.7419	2.5705	2.4498	2.3872	2.1874	2.0789	1.9622	1.8341	1.6885
2.7052	2.5439	2.3727	2.2514	2.1881	1.9840	1.8709	1.7469	1.6055	1.4311
2.5188	2.3583	2.1868	2.0643	1.9998	1.7891	1.6691	1.5325	1.3637	1.0000

索　引

〈ア行〉

1次モーメント	49
一致推定量	128
上側信頼限界	135
F 検定	126
F 分布	80, 126
円グラフ	99
帯グラフ	99
折れ線グラフ	100

〈カ行〉

回帰係数	166
回帰係数の検定	174
回帰直線	166
回帰変動	167
χ^2 検定	124
χ^2 分布	78, 124
χ^2 分布の再生性	124
階乗	3
ガウスの誤差関数	63
ガウス分布	63
確率関数	35
確率分布	35, 42
確率変数	34
確率密度関数	35, 42, 43
確率論	114
仮説	144
仮説の検定	144
片側検定	144
観測値	164
Γ 関数	76
ガンマ関数	92
棄却域	144
危険率	144
記述統計	134
擬似乱数	75
期待値	38, 48
共分散	86, 109
極限公式	58
空事象	13
区間推定	135
組合せ	6
経験的確率	18
決定係数	167
元	2
検定統計量	144
広義定積分	43
誤差変動	167
根元事象	10

〈サ行〉

最頻値	95
最尤推定量	128
散布図	101, 108
サンプル	118
識字率	101
試行	10
事後確率	28
事象	10
指数分布	72
事前確率	28
下側信頼限界	135
実験群	150
実現値	119
集合	2
自由度	76, 78, 80, 122, 126
周辺分布	83, 85
順列	2
条件付確率	22
小標本理論	115, 134
single-blind experiment	150

信頼区間	135
信頼係数	135
推測統計	134
推測統計学	115
推定量	128
数学的確率	16
正規化	68
正規分布	62, 63, 120
正規分布の再生性	120
正規母集団	120
政治算術	114
正の相関	111
積事象	13
全事象	13
全数調査	94
全変動	167
相関係数	88, 110
相対度数	18

〈タ行〉

第1種の誤り	198
対象群	150
大数の法則	114
第2種の誤り	198
大標本	115
大標本理論	115, 134
対立仮説	144
大量観察法	115
double-blind experiment	150
治験	150
中央値	95
中心極限定理	90
tree 構造	4
t 検定	122
t 分布	122
点推定	128
ドイツ国勢学派	114
統計	94
統計学	114
統計的確率	18

同時確率分布	82
同時確率密度関数	84
等分散性の検定	155
独立	24, 86
独立試行列	54
独立な試行	54
度数折れ線	105
度数分布表	104

〈ナ行〉

二項係数	7
二項分布	56
2次元正規分布	84, 88
2次モーメント	49

〈ハ行〉

バイアス	150
排反	15
排反事象	15
パスカルの三角形	7
はずれ値	193
パラメータ	72, 76, 78, 126
BMI	106
ヒストグラム	105
左側検定	145
標準化	68
標準正規分布	62
標準偏差	38, 48, 95
標本	118
標本空間	11
標本調査	94
標本調査法	115
標本比率	143
標本分散	131
標本分布	120
復元抽出	185
物理乱数	75
負の相関	111
部分集合	11
部分積分	53

不偏推定量	128, 129
不偏分散	131
プラシーボ効果	150
分割	26
分散	38, 48, 95
平均（値）	38, 48, 95
ベイズの定理	28
ポアソン分布	59
棒グラフ	98
母集団	94, 118
母数	128
母相関係数	160
母比率	140
母比率の検定	157
母分散	128
母平均	128
母平均の差の検定	151

⟨マ行⟩

右側検定	145
無限積分	43
無作為	10
無相関の検定	160
メディアン	95

モード	95

⟨ヤ行⟩

有意水準	144
有効推定量	128
要素	2
余事象	13

⟨ラ行⟩

乱数	75
罹患	19
離散一様分布	74
両側検定	144, 145
累積度数折れ線	105
レーダーチャート	102
連続一様分布	74
連続的な確率変数	34
ロピタルの定理	53

⟨ワ行⟩

和事象	13
Warner's Randomized Response Model	30

Memorandum

Memorandum

著者略歴

石 村 園 子（いしむら そのこ）
元 千葉工業大学教授
著　書　『やさしく学べる微分積分』（共立出版）
　　　　『やさしく学べる線形代数』（共立出版）
　　　　『やさしく学べる基礎数学
　　　　　　——線形代数・微分積分——』（共立出版）
　　　　『やさしく学べる微分方程式』（共立出版）
　　　　『やさしく学べる離散数学』（共立出版）
　　　　『やさしく学べるラプラス変換・フーリエ解析(増補版)』（共立出版）
　　　　『大学新入生のための数学入門(増補版)』（共立出版）
　　　　『大学新入生のための線形代数入門』（共立出版）
　　　　『大学新入生のための微分積分入門』（共立出版）
　　　　『工学系学生のための数学入門』（共立出版）
　　　　ほか

やさしく学べる統計学 Easy Learning Series Statistics	著　者　石村園子　ⓒ 2006 発行所　**共立出版株式会社**／南條光章 　　　　東京都文京区小日向 4 丁目 6 番 19 号 　　　　電話　東京(03)3947-2511 番（代表） 　　　　郵便番号112-0006 　　　　振替口座 00110-2-57035 番 　　　　URL　www.kyoritsu-pub.co.jp
2006 年 6 月 30 日 初版 1 刷発行 2024 年 9 月 1 日 初版 62 刷発行	
	印刷所　中央印刷株式会社 製本所　協栄製本
検印廃止 NDC 350.1，417.6 ISBN 978-4-320-01808-2	 一般社団法人 自然科学書協会 会員 Printed in Japan

---

JCOPY ＜出版者著作権管理機構委託出版物＞
本書の無断複製は著作権法上での例外を除き禁じられています。複製される場合は，そのつど事前に，出版者著作権管理機構（TEL：03-5244-5088，FAX：03-5244-5089，e-mail：info@jcopy.or.jp）の許諾を得てください。

◆ 色彩効果の図解と本文の簡潔な解説により数学の諸概念を一目瞭然化！

ドイツ Deutscher Taschenbuch Verlag 社の『dtv-Atlas事典シリーズ』は，見開き2ページで1つのテーマが完結するように構成されている．右ページに本文の簡潔で分り易い解説を記載し，かつ左ページにそのテーマの中心的な話題を図像化して表現し，本文と図解の相乗効果で理解をより深められるように工夫されている．これは，他の類書には見られない『dtv-Atlas 事典シリーズ』に共通する最大の特徴と言える．本書は，このシリーズの『dtv-Atlas Mathematik』と『dtv-Atlas Schulmathematik』の日本語翻訳版．

カラー図解 数学事典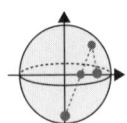

Fritz Reinhardt・Heinrich Soeder [著]
Gerd Falk [図作]
浪川幸彦・成木勇夫・長岡昇勇・林　芳樹 [訳]

数学の最も重要な分野の諸概念を網羅的に収録し，その概観を分り易く提供．数学を理解するためには，繰り返し熟考し，計算し，図を書く必要があるが，本書のカラー図解ページはその助けとなる．

【主要目次】　まえがき／記号の索引／序章／数理論理学／集合論／関係と構造／数系の構成／代数学／数論／幾何学／解析幾何学／位相空間論／代数的位相幾何学／グラフ理論／実解析学の基礎／微分法／積分法／関数解析学／微分方程式論／微分幾何学／複素関数論／組合せ論／確率論と統計学／線形計画法／参考文献／索引／著者紹介／訳者あとがき／訳者紹介

■菊判・ソフト上製本・508頁・定価6,050円（税込）■

カラー図解 学校数学事典

Fritz Reinhardt [著]
Carsten Reinhardt・Ingo Reinhardt [図作]
長岡昇勇・長岡由美子 [訳]

『カラー図解 数学事典』の姉妹編として，日本の中学・高校・大学初年級に相当するドイツ・ギムナジウム第5学年から13学年で学ぶ学校数学の基礎概念を1冊に編纂．定義は青で印刷し，定理や重要な結果は緑色で網掛けし，幾何学では彩色がより効果を上げている．

【主要目次】　まえがき／記号一覧／図表頁凡例／短縮形一覧／学校数学の単元分野／集合論の表現／数集合／方程式と不等式／対応と関数／極限値概念／微分計算と積分計算／平面幾何学／空間幾何学／解析幾何学とベクトル計算／推測統計学／論理学／公式集／参考文献／索引／著者紹介／訳者あとがき／訳者紹介

■菊判・ソフト上製本・296頁・定価4,400円（税込）■

www.kyoritsu-pub.co.jp　　共立出版　　（価格は変更される場合がございます）

連続的な確率分布

確率密度関数
$$P(a < X \leqq b) = \int_a^b f(x)\,dx$$

性質
- $f(x) \geqq 0$
- $\int_{-\infty}^{+\infty} f(x)\,dx = 1$
- $P(X = a) = 0$

平均・分散
$$E[X] = \int_{-\infty}^{+\infty} x f(x)\,dx = \mu$$
$$V[X] = \int_{-\infty}^{+\infty} (x-\mu)^2 f(x)\,dx$$

$$V[X] = E[X^2] - E[X]^2$$

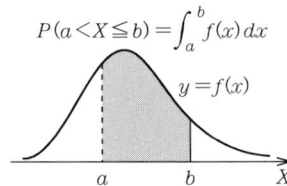

正規分布 $N(\mu, \sigma^2)$
$$f(x) = \frac{1}{\sqrt{2\pi}\,\sigma} e^{-\frac{1}{2}\left(\frac{x-\mu}{\sigma}\right)^2}$$
平均 μ, 分散 σ^2

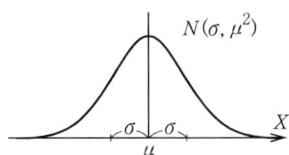

標準正規分布 $N(0, 1)$
$$f(x) = \frac{1}{\sqrt{2\pi}} e^{-\frac{1}{2}\cdot x^2}$$
平均 0, 分散 1

指数分布 $Ex(\lambda)$
$$f(x) = \lambda e^{-\lambda x} \quad (x \geqq 0)$$
$$E[X] = \frac{1}{\lambda}, \quad V[X] = \frac{1}{\lambda^2}$$

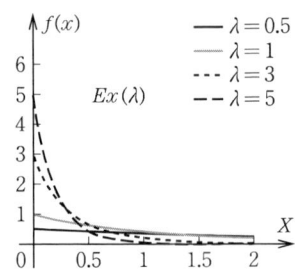

連続一様分布
$$f(x) = \begin{cases} \dfrac{1}{b-a} & (a \leqq X \leqq b) \\ 0 & (他) \end{cases}$$
$$E[X] = \frac{a+b}{2}, \quad V[X] = \frac{(b-a)^2}{12}$$

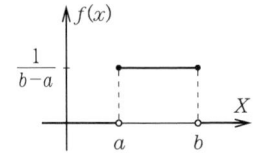